编号：2018-1-100

（第3版）

主 编／王 铮

东南大学出版社
SOUTHEAST UNIVERSITY PRESS
·南京·

内容简介

《人物造型化妆》的编者为多年从事化妆教学与技术工作的专家,将化妆课程的知识要点与训练环节设计为多个模块和单元,设置了教学情境、教学模式与教学环节,从化妆基础知识、化妆工具使用到局部化妆、矫正化妆以及生活妆、新娘妆、晚宴妆、时尚创意妆等代表性妆型,每一模块包含导学、操作步骤、示范、练习、评价与反馈、修改完善与总结等多个单元,辅以配套的教学视频与多媒体课件,构建了一个完整的学习流程。对于广大化妆爱好者,对美有要求、有追求的人们来说,也可以通过本书,循序渐进地掌握化妆技术。

图书在版编目(CIP)数据

人物造型化妆 / 王铮主编. — 3 版. — 南京:东南大学出版社,2020.11(2023.7重印)

ISBN 978-7-5641-9193-1

Ⅰ. ①人… Ⅱ. ①王… Ⅲ. ①化妆-造型设计 Ⅳ. ①TS974.12

中国版本图书馆 CIP 数据核字(2020)第 213849 号

人物造型化妆(第3版)

主　　编	王　铮
出版发行	东南大学出版社
出 版 人	江建中
责任编辑	陈潇潇
社　　址	南京市四牌楼2号
邮　　编	210096
经　　销	新华书店
印　　刷	南京顺和印刷有限责任公司
开　　本	889 mm×1194 mm　1/16
印　　张	12.25
字　　数	320千字
版　　次	2020年11月第3版　2023年7月第2次印刷
书　　号	ISBN 978-7-5641-9193-1
定　　价	60.00元

＊ 本社图书若有印装质量问题,请直接与营销部联系,电话:025－83791830。

《人物造型化妆》编委会名单

主　审 / 魏小萌　顾晓然

主　编 / 王　铮

副主编 / 夏雪敏　吴　桐

编　委 /（按姓氏笔画为序）

　　　　王　铮　叶秋红　李伟涛

　　　　吴　桐　张安凤　范晓云

　　　　罗秋怡　夏雪敏　彭展展

　　　　解　晴　熊　赟　戴国红

序1
Preface

哲学大师黑格尔说过，"美是理念的感性显现"。他还说，"艺术的内容就是理念，艺术的形式就是诉诸感官的形象。艺术要把这两方面调和成为一种自由的统一的整体"。人物形象设计作为戏剧影视美术设计的组成部分，是达成美的必要途径，也是实现美的重要手段。

我从事舞台美术造型设计工作五十多年了，国内外戏剧影视人物造型的产业发展转型、行业起落变迁、技术更新淘汰，可谓尽收眼底。我所理解的人物造型化妆，涵盖了舞台角色塑造的修饰，生活时尚的人群向美的需求，它贯穿了虚拟与现实、时间和空间，用化妆造型技术搭建了桥梁，构架了平台，呈现了表达，展示了效果，这是实现美的一门专业技术，更是诠释美、体现美的一门专业学科。

《人物造型化妆》一书我认真拜读了。这些年来，我过眼的化妆造型、形象设计的教材无数，但还没有看过这样设计的化妆教学书，第一眼就让我眼睛一亮。尽管这是一本传授化妆技术的教材，但我仍目之为一本化妆领域内的专著。无论是在设计上、理念上，内容安排上，结构设置上，还是排版上，装帧上，都可圈可点，体现了专业教育与职业培训的衔接，也体现了专业技术与行业现状的衔接，更体现了教育研究最新成果与产业背景与特色的衔接。而后我又得悉，与本书对应的视频等资源，囊括了江苏乃至华东最知名的化妆专家，还与网络教学平台等可以互动交流，实现了教学形式的多元化、过程化，这对于传统的教学形式而言，是非常有意义且具颠覆性的。

和本书的作者王铮初识，是在多年前的中国美发美容协会的美容节活动上，之后虽然我在北京他在南京，但仍保持联系，也在北京时常见面。我了解到他牵头了国内专业领域很多的标准建设和顶层设计工作，主持了江苏开放大学（江苏城市职业学院）戏剧影视美术设计本科、人物形象设计专科多年，还开设了江苏形象设计网，主持江苏省第一次文化部级的形象设计证书考试……二十多年来，他为国内形象设计专业做了很多开创性、提升性的工作。他带领着团队，在这个专业领域默默耕耘，克服各种事务的忙碌，花费了数年时间，修改多个版次，以他们的实力、能力与在业内的地位和影响，全力配合完成这样一部高水平、高质量的著作，十分可贵。

近年来，我一直把精力和时间倾注在鼓励、支持戏剧影视美术设计和人物形象设计专业的人才技术成长与素质提升上。这本《人物造型化妆》著作给我以启发，我充分肯定这种探索与沉淀，并且希望此书的出版，能够为人物形象设计专业人才的培养、戏剧影视美术设计产业的发展，发挥巨大的作用。

是以为序。

中央戏剧学院舞台美术系化妆设计专业教授

2020 年 9 月

序2
Preface

中国的形象设计行业水平在近年来发展迅速，但相较发展成熟的国家与地区来说，仍存在一定的差距。一方面是体现在形象设计行业、企业发展水准上，在中国当下，形象设计、时尚造型企业还没有形成一个独立行业的产业规模；另一方面则是专业的研究不够、专业人士匮乏、专业教育水准不高，与形象设计实际需求相关的建设仍然处于发展期。而与此形成巨大反差的是，人们对形象设计越来越重视，社会普及度也越来越高，无论是其中的化妆、发型，还是服装、服饰，或者色彩、形体与礼仪，都已成为与生活密不可分的部分。我从事舞台人物造型设计工作五十余年，完成影视与舞台作品五十多部，一直耕耘在影视舞台一线，也带过一些知名化妆师，指导过不少专业技术人员，但有感于社会需求与专业人才培养的巨大落差，虽然还想为形象设计行业多做一点实事，但因行业归属、专业定位、个人精力等多重因素，未能再继续从事教学和指导，这是我心中之憾。

行业要发展、专业要成熟、产业要形成，这些都落在一个"人"字身上。因此对专业人员的培养，就是关键所在，而如何培养人，培养成什么样的人是第一步。在目前形象设计行业的现状下，一本符合专业特点、人员特点、技术特点的教材就非常重要，目前国内形象设计系列教材层出不穷，作为形象设计的核心技术，化妆方面的教材，有人力资源和社会保障部的职业资格证书培训教材，有高校的本科、专科教材，也有专家、行业名人的彩妆教材，琳琅满目不下百种，其中尽管瑕瑜互见，也各有特色，但论及与专业人员需求的切合度，仍有不小的可提升空间。

看到《人物造型化妆》第三版出版，我十分高兴，因为它在解决与专业人员需求切合度的问题上给出了答案，除了符合专业特点与技术特点，还亮点多多：一是体例新颖，全书按照化妆的基本知识点分为八个模块，每个模块又分为单元，整个化妆的学习过程明了，要求清晰；二是在整本书中都体现了教学的互动，还增加了很多其他化妆教材中没有出现的教学设计，对提高学习效果有很大的帮助；三是我得悉本书还和配套的多媒体资源、网络平台等共同构成了一个立体而完整的学习过程，囊括了省内外最知名的化妆师，这样的化妆教材，这样的浩大工程与整体的设计，是国内开创性的第一本。

本书的主持者王铮，是我的忘年交，也随我学习过一段时间，我看着他这二十年来一步步发展，直到担任教育部行业职业教育指导委员会委员，成为国内本专业学术领域不可多得的青年专家，他在国家和省内学术团体有多项兼职，主持了多项国家部委的行业标准课题，构建了美容形象设计领域的最顶层设计。经过他和他的团队成员不懈努力，这本书磨砺八年，历经三个版次，数易其稿，实在难得。近期我更得悉这本书被评为江苏省重点教材，实是当之无愧的精品。

从行业发展与提升的角度看，我对本书寄予极大的期望，我会向全国的业内朋友与身边热爱生活、热爱美的朋友推荐这本书，也希望这本书能够引导形象设计专业教育的方向，提升与推动整个行业的发展。

谨此为序。

江苏省演艺集团舞美造型
国家一级设计师
赵志萍
2020 年 9 月

Contents

模块一　化妆基础知识

单元1　中外化妆历史 / 002

单元2　化妆的艺术设计元素 / 007

模块二　化妆材料与工具

单元3　常用彩妆品介绍 / 020

单元4　化妆刷的介绍与用途 / 026

单元5　其他化妆工具 / 029

模块三　基础妆

单元6　粉底与定妆 / 034

单元7　眉型化妆 / 039

单元8　眼部化妆 / 044

单元9　腮红的修饰 / 052

单元10　唇部化妆 / 055

单元11　化妆基本流程 / 058

目录

模块四 矫正化妆

- 单元 12　粉底对脸型的矫正 / 064
- 单元 13　眉型的矫正 / 069
- 单元 14　鼻型的矫正 / 072
- 单元 15　眼型的矫正 / 075
- 单元 16　假睫毛的使用 / 078
- 单元 17　腮红对脸型的矫正 / 081
- 单元 18　唇型的矫正 / 083

模块五 生活妆

- 单元 19　什么是生活妆 / 088
- 单元 20　生活日妆的流程、画法与要求 / 090
- 单元 21　生活日妆操作练习 / 096
- 单元 22　生活晚妆的特点与操作练习 / 103
- 单元 23　时尚生活妆欣赏与评析 / 111

模块六 新娘妆

- 单元 24　什么是新娘妆 / 116
- 单元 25　新娘妆的流程、画法与要求 / 119
- 单元 26　实用新娘妆操作练习 / 130
- 单元 27　摄影新娘妆练习、欣赏与评析 / 137

Contents

模块七 晚宴妆

单元 28 什么是晚宴妆 / 146

单元 29 晚宴妆的流程、画法与要求 / 148

单元 30 晚宴妆型操作练习 / 155

单元 31 晚宴妆练习、欣赏与评析 / 162

模块八 时尚创意妆

单元 32 什么是时尚创意妆 / 166

单元 33 时尚创意妆的画法与要求 / 168

单元 34 时尚创意妆型操作练习 / 173

单元 35 时尚创意妆练习、欣赏与评析 / 180

模块一
MODULE ONE

人 物 造 型 化 妆

化妆基础知识

空中学习厅

模块名称 / 化妆基础知识

模块内容 / 单元1　中外化妆历史
　　　　　　 单元2　化妆的艺术设计元素

学习时间 / 第1~2周

学习情境 / 画室，多媒体教室

学习目标 / 使学生能了解中外化妆发展的历史，增加对化妆文化的理解与认识，充分认识素描与色彩对化妆效果呈现的重要性，掌握与化妆联系的素描技术并应用，掌握化妆中色彩搭配的技巧并应用，掌握效果图的绘画技能并应用。

学习内容 / 1. 中外化妆史
　　　　　　 2. 素描在化妆中的运用
　　　　　　 3. 色彩在化妆中的运用
　　　　　　 4. 流行元素的时代性特点

学习方式 / 由教师引导学生学习中外化妆历史，通过影片、图片等欣赏增加对化妆文化的认识；在教师的指导下，进行化妆的艺术设计元素单元的学习，根据教材与网络平台，完成素描练习，效果图绘画与相关鉴赏与分析。

学习准备 / 素描工具，彩色铅笔或颜料

单元 1 中外化妆历史

学习要点：中国化妆发展的历史，西方化妆发展的历史

学习难点：中国不同时期的化妆风格与特点，风格元素的时代意义

学习内容

1 先秦时期化妆术

《诗经》有云："自伯之东，首如飞蓬。岂无膏沐？谁适为容！"由此可见，修饰化妆在先秦女性的生活中已经很普遍了。当时女子装饰的第一步是敷粉，崇尚以白为美，用米粉或铅粉涂面，以达到美白皮肤的目的，这与现代化妆重视打底如出一辙。为了使面颊呈现出动人的红润之色，人们从一种燕地产的红蓝花叶中提取红色粉末，并加入动物油脂使其便于保存和使用，这便是胭脂的雏形。据史料记载，画眉始于战国时期。湖北江陵马砖一号楚墓出土的战国彩绘人俑，女子脸上的眉毛被加以突出，显得尤为细长，人们对长眉的欣赏成为主流审美意识。当时画眉的物品是一种西域生产的黑色矿物质，它具有染色的作用，称为"黛"。用它修饰眉毛，颜色浓淡有别，由蓝转青，由碧转翠，有着丰富的变化。

战国彩绘人俑

白妆

仙娥妆

2 魏晋南北朝时期化妆术

魏晋南北朝时期，南北民族大融合，化妆及服饰随着社会的变迁亦有着丰富的体现。此时期的女性化妆技巧日臻成熟，呈现多样化的倾向。

魏晋南北朝时期流行白妆，在化妆时以白粉敷面，两颊不施胭脂。由于当时喜欢小巧秀美的嘴型，所以这种妆型便于在合适的位置"画"出一张樱桃小口。

女性眉型在魏晋时期变化较少，主要还是承袭了前朝的长眉风尚。据说有一款"仙娥妆"是由魏武帝所创，宇文士及在《妆台记》中记载："魏武帝令宫人扫青黛眉连头眉，一画连心细长，谓之仙娥妆。"其眉型修长，眉头相连，也被称为"连头眉"。

3 隋唐五代时期化妆术

花钿妆饰法

隋唐五代是中国历史上文化繁荣的时期,妇女地位很高,女子的着装与化妆也比较自由。

隋代妇女装扮较朴素,妆饰没有多变的式样,崇尚简约之美。唐朝国势强盛,经济繁荣,与外族交往甚盛,妇女妆饰有不少受外域影响,追求时髦,以珠圆玉润为美,表现一种富丽华贵的整体妆饰风格,具有强烈的时代特点。古人诗句中有不少相关描写,如"敷粉贵重重,施朱怜冉冉""脸上金霞细,眉间翠钿深""红铅拂脸细腰人"等,都生动反映了唐代妇女的妆饰风格,或敷有铅粉,或抹以胭脂,或饰有花钿。同时在隋唐时期开始大量出现手工制作的化妆品,化妆技术发展到了一个巅峰。

花钿妆饰法在唐朝妇女中广泛流行,式样多变,颜色艳丽。花钿通常粘于额头眉心处,也有直接画于脸面上的,大多以彩色光纸、云母片、昆虫翅膀、鱼骨、鱼鳔、丝绸、金箔等为原料,制成圆形、三叶形、菱形、桃形、铜钱形、双叉形、梅花形、鸟形、雀羽斑形等形状,十分精美。色彩艳丽,多用金黄、翠绿、艳红等色。

4 宋元时期化妆术

太原市晋祠圣母殿
北宋彩塑侍女立像

宋朝女子的妆容倾向淡雅幽柔,朴实自然,不像唐朝般浓艳华丽,我们从太原市晋祠圣母殿北宋彩塑侍女立像可见端倪。当然,擦白抹红还是脸部妆扮的基本要素,红妆仍是重要的一环。妇女画眉不用黛而用墨,画眉方法仍承袭前朝。花钿妆也广受宋朝妇女喜爱,还特别喜欢穿耳孔戴耳饰。

元代统治者源自游牧民族,长期居于边塞,装扮非常简朴,入主中原后才开始讲究,追求华丽的妆饰。元代妇女也喜在额部涂黄粉,还喜好在额间点痣。眉式都画成一字形,细如直线,配上小嘴,整齐又简洁。在蒙古族妇女头饰中,最具特色的是"姑姑冠",有爵位的贵妇才能佩戴。

姑姑冠

5　明清时期化妆术

明清妇女妆容轻淡雅致，与宋元颇为相似。除了前代的妆粉外，明清妇女创造了很多新类型的妆粉。如：珍珠粉，是一种由紫茉莉的花种提炼出的妆粉，多用于春夏之季；玉簪粉，是一种以玉簪花的花仁和胡粉结合而制成的妆粉，多用于秋冬之季。

明清妇女的红妆不同于前朝的华丽及变化，妆扮偏向秀美、清丽、端庄的风格。素白洁净的脸，纤细略弯的眉，细长的眼，薄薄的唇，别有一番素净优雅的风韵。

到了清后期，满族盛装打扮在贵族阶层的妇女中开始流行，不仅服饰华贵，脸部也作浓妆，眉色、唇色、腮红等都较为浓艳。至清朝末年，浓妆风气渐衰，盛行了2 000年的红妆习俗才告一段落。

王蜀宫妓图轴·明·唐寅·绢本·设色
124.7 cm×63.6 cm 北京故宫博物院藏

6　西方化妆历史

西方化妆历史可推至公元前4 000年的古埃及。古埃及贵族用黏土卷曲头发，用铜绿描画眼圈，在当时的风尚推动下，他们甚至把化妆由私人行为演变成了一种有趣而繁琐的仪式，创造了很多精美的容器和化妆工具。从存留至今的古埃及化妆用品来看，主要为装香油和香膏的容器、盛眼线膏的容器以及镜子。根据这些化妆用品，结合古埃及象形文字的记载，当时人们的化妆主要为涂抹香油、香膏及眼线膏并用镜子来察看化妆效果，其中又以涂抹香油或香膏为主。

古代欧洲女性为了使面部变白，使用了一种含白铅的粉使皮肤变得白皙漂亮，再从铜瓶里倒出红褐色和玉色的矿石粉末，用手指涂染在脸颊上，勾勒出立体

古埃及化妆用品盒

的容颜。到了16世纪,欧洲女性普遍使用白铅和白蜡的混合液来营造无瑕的容颜,成为当时上流社会女性的身份标志。

关于化妆,西方的审美标准与中国传统审美标准之间存在着较大的差异。以唇妆为例,中国人对"樱桃小口"情有独钟,在西方,则强调口唇的夸张效果。从罗马时期开始,到14世纪的意大利,无不以口唇的鲜艳性感为最高的美。到了近代,尤其是"二战"以后,西欧风行大嘴妆,以唇型大、嘴唇厚、曲线分明为美,认为这样的嘴富含女性魅力。此风至今不衰,甚至也影响到了亚洲地区。

遍览世界范围内经济与文明发展的地区与国家,可以发现时尚的脉动无处不在。时尚是可以通过设计与制造的文化与精神产品,时尚的美是人人可以去定义、去诠释的,只要有需要,不同标准的美就会在女性身上体现。时尚的多元化、个性化等特点在当下的时代中,越发得到印证。面部是反映时尚的最漂亮的镜子,在提倡个性的年代,年轻的女子可以自己创造个性妆扮,雀斑并不见得非要掩盖严实,嘴唇也不见得非要厚薄有致;能够实现个体内心所认知的美,就是化妆造型的最终目的。

流行的种种总是变来变去,比如发型,比如粉的颜色,比如唇型的选择,但是我们看20世纪二三十年代的月份牌,会不会有一种熟悉的感觉?再往前翻翻中国古代或者西方古代的化妆术,会不会有些用品和方法,以及当时流行的妆束,都是我们昨天刚刚尝试过的,或者是明天想要的?加布里埃·香奈尔(Gabrielle Bonheur Chanel)说:"流行稍纵即逝,而风格永存!"作为一名优秀的化妆师,当谨记此言。

月份牌

讨论与练习

1. 通过对本单元的学习，组织小组讨论，谈谈你对中国化妆历史的认识，并记录下来。

2. 在你的身边找到一个时尚流行元素的例子，要求和过去时代的风格有相似或相通之处，用图片或文字记录下来。

学习反馈

单元 2 化妆的艺术设计元素

学习要点

素描与面部化妆的关系，色彩与化妆的关系

学习难点

线、面分析在化妆中的意义，色彩元素在化妆中的作用

学习内容

1 素描与化妆

（1）素描——观察——化妆

素描是眼、脑、手三者的统一配合。眼即观察和眼力；脑即分析和思考；手即锻炼和掌握。只有这三者达到和谐与统一，素描才能得以不断地突破。对一个化妆师而言，眼睛往往比手更加重要。"观察"是化妆前的一个重要环节，"观察"的质量将直接影响到化妆师造型作品的表现质量。没有正确的认识方法，就难以正确地表现对象。通过整体观察可以很快确定设计思路，这是化妆的第一步，再从整体观察过渡到局部观察。比如，远距离看一个人，你所看到的就是一个整体，你对他的印象就是外部轮廓与色彩的概念；然后慢慢地走近，你看到的是年龄、衣着；再近一些，你才能看到他的面部五官。在作画过程中，要与所画静物保持一定的距离，还要经常退远看看自己的画面效果。化妆也是一样，在化妆过程中不仅要重视局部的雕琢，同时要考虑整体效果。初学化妆的人最常出现的问题就是喜欢局部观察，直接导致局部描绘，从而破坏了整体效果。

（2）素描——构图——化妆

构图是对画面内容和形式整体的考虑和安排，如果说素描是一切造型艺术的基础，那么，构图就是这个基础中不可缺少的基石。构图体现的是设计意图，一种创作的构想，它培养创作者的艺术素养，也是对创作能力的训练。要完成一个和谐统一的妆型，化妆师心中要有强烈而敏感的构图观念，化妆实施的过程也就是构图完成的过程。化妆师对造型对象的构图应着眼于整体，综合考虑局部，对模特进行全面分析，包括其年龄、身份、气质、身材等特征的考虑，依此确定造型风格，选择相应的造型材料，结合色彩、脸型及五官等，如腮红形状的掌控与颜色的选择，眉毛位置的高低与长短、唇型厚薄的调整等，在模特脸上进行目的性的空间组合与分割，从而完成一个完整的妆型。

（3）素描——比例——化妆

素描中的物品是其原有比例的扩大或缩小，只有比例始终不变，我们必须如实地体现出各个部分相互紧扣的关系，不能自由地改变各个部分相对的比例大小。如果改变任何一个部分，那么其他部分也就会相应地改变。同样，美的

比例是实现人体框架各部分和谐的根本,我们在化妆造型中必定要依据一定的比例关系来进行调整,如脸型宽阔、下巴较大者,应设计饱满、圆润的唇型;脸型狭窄、瘦尖者则要设计"樱桃嘴"的唇型。颜面部器官的分布亦有一定的比例规律。15世纪达·芬奇把颅面部横分为上、下两等分,上半部是自颅顶到鼻根部,下半部是从鼻根部到下颌部,这两部分正常时应该是相等的。我国古代绘画中有"三停五眼"的标准,将颜面部分成三等分:上停从额部发际到眉间点,中停从眉间点到鼻翼底部,下停从鼻翼底部到下颌,三停高度应相等。

若以面部正面分析,面部宽度在眼睛水平线上应具有五个眼的宽度,即左右外眦至耳孔、两眼、两眼内眦间距,这五个部分几乎相等,此为五眼法。另外,也可将面部纵向进行四等分,从面部中线,向左右各通过虹膜外侧线和面部外侧界作垂线纵向分割,将面部纵向分割成四个相等的部分,此为面部四分法。

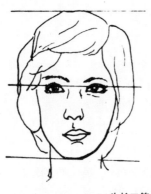

头长二等分

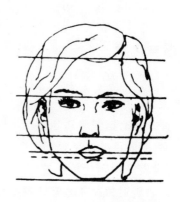

面长三等分

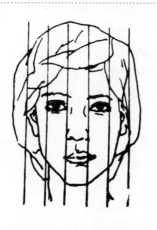

面部纵行眼分割

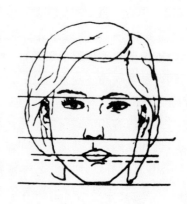

面部纵向等分

(4)素描——骨骼和肌肉——化妆

肌肉附着于骨骼之上,与骨骼一起形成面部不同的形态特征。骨骼的大小,肌肉的厚薄、生长方向,成为影响面部形态的主要生理依据。学习化妆前必须熟悉骨骼的结构与肌肉的走向,这些知识有助于快速准确地掌握化妆技巧,提升化妆技能。如我们在表现增加年龄感的妆型时,就是根据不同的年龄阶段、肌肉的衰老程度来表现肌肉的下垂程度与走向。肌肉的走势也能体现一个人的精神面貌,这就是我们常说的"相随心生"。有研究表明,如果生活中一直是保持乐观态度的人,肌肉的走向就会往横向发展,如果生活中经常是悲观的,肌肉的走向就会往纵向发展。我们在塑造不同性格的人物时要考虑性格表情对肌肉走向与形成的影响。

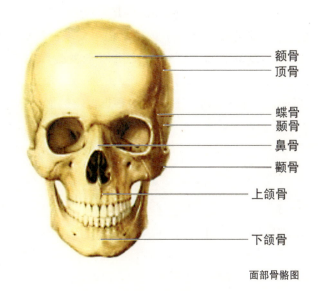

面部骨骼图

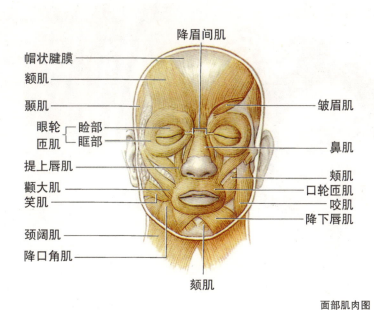

面部肌肉图

(5) 素描——线条的运用——化妆

素描造型的第一要素是线条,线条有粗细、长短、曲直、深浅等变化。化妆师在化妆过程中,可利用线条的长短、粗细、弧度,以及明暗中的黑白灰、色块面积的大小和晕染等手段,塑造和矫正脸型、五官,完成妆型设计。以眉毛的化妆为例:长脸型的人给人立体结构较明显的印象,感觉棱角过于突出生硬,对眉型的修饰可适当拉长,在视觉上造成面部横向发展、脸变短的感觉,忌上扬眉,避免脸型更长更生硬;圆脸型的人给人的印象是甜美年轻,但由于两颊饱满,脸较短,缺乏立体感,所以眉型设计要有力度,转折相对明显,眉梢高于眉头,从而拉开与下颌间的距离,忌圆弧形眉,避免脸型更加圆润。此外,眼线、唇线、脸型等的表现都离不开线条,线条的粗细、长短、弧度、浓淡都会造成错视,从而改变模特的脸型与五官,影响化妆效果和性格塑造。

(6)素描——面的运用——化妆

素描造型的另外一个要素就是面,注重黑、白、灰三大面及五大调子的运用来塑造形体的空间感是素描立体刻画的重要表现手法。人的头部结构是一个立方体,化妆严格地来讲就是在面部塑造不同形状的块面。在化妆的立体造型中运用素描中的块面造型是非常有效的方法。例如,当我们需要把一个中国人化妆成欧洲人时,首先就是要改变脸部大的块面结构,利用明暗和色彩的冷暖等绘画手法,收缩内轮廓,使平而宽的亚洲人的脸看起来瘦窄些。用同样的方法来突出额头、鼻梁、下颌及造成眼窝凹陷的效果。在化妆中根据模特的面部结构灵活运用块面造型手段,不仅可以使妆型效果更符合审美标准,还可以改变模特的年龄、胖瘦、性格特征等,使得化妆过程充满了艺术塑造的手法。

2 色彩

化妆中利用色彩的属性以及各种对比和调和关系,借助不同的化妆材料与化妆技术,以色彩来修饰并美化人的面部五官,达到扬长避短的目的。妆色包括粉底色、眼影色、腮红色、口红色等,妆色的设计必须选择得当,与人物整体色彩关系统一协调。

化妆色彩的运用

色彩

(1)个人内在气质对化妆色彩的影响

个人内在气质会影响到一个人的妆色。人的气质特点各不相同,有的是清纯可爱型,有的是高雅秀丽型,也有的是浓艳妖媚型等等,我们在化妆时应根据色彩的属性与个性心理特征来进行色彩选择。例如清纯可爱型者要选择粉色系列的化妆色彩,忌浓妆和强烈的色彩;高雅秀丽型者可选择玫瑰或紫红色系的色彩,眼影尽量不用对比强烈的颜色,以咖啡色、深灰色最合适;浓艳妖媚型者可选用热情的艳丽色系或强烈的对比色,如用深绿或深蓝色作为眼部化妆时的强调色。

(2)个人年龄对化妆色彩的影响

年龄对女性色彩选用影响较大。30岁以下皮肤状态好的年轻女性,选色的范围比较宽。年长的女性在选用化妆色彩时需谨慎,如大量使用不合适的色彩会凸显皮肤问题,影响整体形象色彩的协调。建议年龄较小的女性尽量选用淡色,如浅绿色、淡蓝色眼影及粉红色系口红(粉红、粉橘)等,衬托出年轻女性的青春活泼与自然美;年龄稍大的女性可选用较深或较鲜艳的色彩,因为深色及鲜艳的色彩会给人醒目的感觉,体现成年女性的成熟风韵。

(3) 肤色、发色、服饰色等对化妆色彩的影响

不同的发色、肤色、服饰色对化妆色彩有一定的制约。在化妆色彩设计中,妆色不是独立存在的,它与发色、肤色、服饰色搭配适宜,共同实现整体色彩的和谐统一。常见的妆色与发色、肤色、服饰色的搭配如下表:

常见妆色与发色、肤色、服饰色搭配

妆色	冷暖色皆宜,建议尝试透明妆或水果色系	冷暖色皆宜,建议尝试清爽明快的水果色系	自然妆容,冷暖色系皆宜,尤其适合雅致的灰色系	暖色调的妆容,金色系、红色系、棕色系等较浓郁的色彩	冷暖色系皆宜,尤其适宜艳丽的暖色系
发色	铜金色	浅棕色	深棕色	红色	黑色
肤色	白皙或麦芽肤色,以及微黑的肤色	白皙或麦芽肤色,以及古铜肤色	任何肤色,肤色白皙者尤佳	自然肤色或白皙皮肤及肤色偏黄者	东方人的任何肤色
服饰色	纯度高的色彩、明丽的金色与橙色、天蓝色	浅黄色、浅蓝色、浅绿色、银色与橙色	黑色与白色、紫色、藏青色和米色系	黑、白、灰色、火红色、深咖啡色与红棕色	任何服饰色,高纯度色尤佳

(4) 光对化妆色的影响

妆容在不同的光源以及灯光颜色的照射下会产生一定的偏差,包括面部结构、色彩的浓淡和柔和度等。以太阳光为代表的自然光源,由于穿透力强,能把人的面部瑕疵很鲜明地显现出来,因此在化妆时要注意化妆后的自然与真实效果。以各种灯光为代表的人造光源由于其穿透力弱,人的面部瑕疵不易被看出,可以大胆运用色彩强调面部结构,突出妆容效果,即使有些夸张,在灯光的照射下也不会显得抢眼,从而为晚宴妆、舞台妆等提供了较大的创造空间。此外,在不同的人造光源照射下,同一色彩会呈现不同的效果,以下是各种化妆色彩在不同灯光的照射下所产生的效果。

各种化妆色彩在不同灯光照射下效果

化妆色彩	红光	黄光	绿光	蓝光	紫光
红色	红色	保持红色	变得很黑	变黑	变成淡红
橘黄色	变光亮	稍微失色	变黑	变得很黑	变光亮
黄色	变白	变白或失色	变黑	变成橘梗色	变粉红
绿色	变黑	暗成深灰	变成淡绿	变光亮	变成淡蓝
蓝色	变深灰	暗成深灰	变成深绿	变成淡蓝	变深
紫色	变黑色	几乎暗成灰	几乎暗成黑	变成橘梗色	变得很淡

讨论与
练习

1. 临摹面部骨骼图与面部肌肉图，体会其在化妆中的运用。

面部骨骼图

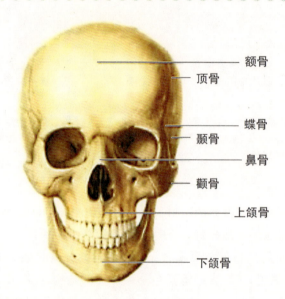

额骨
顶骨
蝶骨
颞骨
鼻骨
颧骨
上颌骨
下颌骨

面部肌肉图

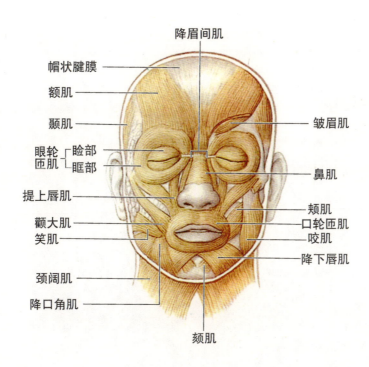

2. 临摹圆锥体与球体，体会素描中观察、构图、比例以及线条与面的运用。

圆锥体

球体

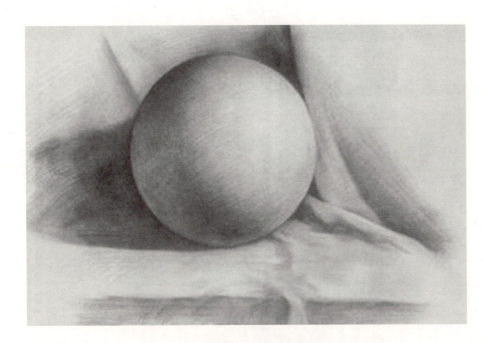

3. 运用素描知识,分析下图的块面造型与明暗层次。

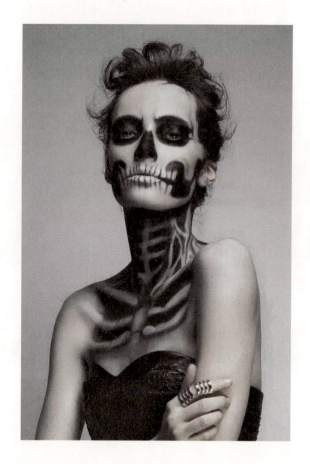

块面造型分析:

明暗层次分析:

4. 通过欣赏古装影视剧或古诗、古画、古典文集等,从色彩、风格协调等角度,运用古代化妆术中的一个元素,设计一幅现代妆型,以效果图形式呈现,并写出设计思路。

全身效果图

妆型效果图

设计思路

学习反馈

■ 化妆基础知识学习总结

模块二
MODULE TWO

人 物 造 型 化 妆

化妆材料与工具

空中学习厅

模块名称 / 化妆材料与工具
模块内容 / 单元3　常用彩妆品介绍
　　　　　　单元4　化妆刷的介绍与用途
　　　　　　单元5　其他化妆工具
学习时间 / 第3周
学习情境 / 化妆实训室，多媒体教室

学习目标 / 本章的学习内容是后期学习化妆造型的基础，灵活掌握彩妆品及化妆工具的使用，能帮助学生学会根据不同妆型与不同要求选择不同的彩妆用品，有助于更好地表现妆型。

学习内容 / 1. 各类彩妆品的特性及使用
　　　　　　2. 各类化妆工具的使用技巧
　　　　　　3. 新型彩妆品及化妆工具的使用

学习方式 / 通过教师介绍各种化妆品，引导学生了解彩妆品的基本成分、性能、分类及用途等；教师示范化妆套刷及其他化妆工具的使用技巧，帮助学生掌握常用化妆工具的使用；此外，学生可观看视频资料，结合进行市场调研，了解最新彩妆品和化妆工具的特性及使用。

学习准备 / 彩妆品，化妆刷，其他化妆工具

单元 3 常用彩妆品介绍

化妆材料与工具

学习化妆设计首先应该了解和熟悉各类化妆材料和工具的性能、使用方法、作用以及效果，这是实现化妆造型效果的前提。随着社会的发展，市场上各类化妆材料和工具推陈出新，无论是初学者还是实践经验丰富的化妆师，都需要不断学习，使化妆效果得到提升与完善。

学习要点：彩妆品的性能与作用，根据需要选择彩妆品

学习难点：同类彩妆品的不同使用方法与特点

学习内容

彩妆品的品质关系到皮肤的健康，同时也是达到最佳化妆效果的基本保证。在化妆前，应充分了解各类彩妆品的性能和质地，根据需要进行选择。

卸妆油

用途 卸妆油是一种加了乳化剂的油脂，可以轻易与脸上的彩妆油污融合，再通过水乳化的方式去除彩妆，适合卸除较浓的彩妆，如舞台妆、新娘妆等。

卸妆乳

用途 卸妆乳水油平衡适中，其油性成分可以洗去污垢，而水性成分又可留住肌肤的滋润，适合日常生活妆容，也适合缺水的肌肤。

卸妆蜜

用途 卸妆蜜是所有卸妆品中最为温和且低刺激的一类，功效接近洗面乳。

卸妆水

用途 卸妆水的主要成分是多元醇，含温和的保湿成分，卸妆力较弱，适合卸防晒淡妆。

化妆水

用途 化妆前使用的护肤品，可以补充皮肤表面水分，收敛毛孔，柔软表皮，抑制油脂分泌。

营养霜

用途 滋润皮肤，供给皮肤养分及水分，防止皮肤粗糙干燥，油性肌肤用乳液，干性肌肤用含高度养分的润肤霜。

妆前乳

用途 妆前乳是为了修饰肌肤色泽不均、暗沉，为护肤的最后一步，通常为白色液状，也有透明液状。有些妆前乳带粉底成分，有些具有隔离防晒的功能。

膏状粉底

用途 膏状粉底遮盖力强，主要形态是霜剂和膏体，一般适用于新娘妆、舞台妆，还可以用于淡妆的局部遮盖，如雀斑、色斑、青春痘等。

液状粉底

用途 液状粉底主要呈现液体状态,含水分较多,涂敷后皮肤自然有光泽,主要用于生活及电视与摄影中的淡妆,体现皮肤的质感。

粉饼型粉底

用途 粉饼型粉底是将粉底、颜料用油和表面活性剂等进行润湿处理后压缩并固定成型的一种粉底霜,可根据需要制成块状、棒状等形状,遮盖力强,携带方便,多用于补妆。

定妆粉

用途 又称散粉,用于固定粉底,吸收过多的油脂,增加色彩,减少面部反光,使妆型自然持久。

膏状腮红

用途 膏状腮红颜色最饱和,妆效也最重,可用手指或海绵蘸取涂抹,比粉状腮红更为方便,适合干性肤质及浓妆时使用。

液状腮红

用途 液状腮红较少见,质感透明,自然。用手指均匀涂抹或以海绵推匀,上妆容易,且方便携带,适合干性肤质。

粉状腮红

用途 粉状腮红最常见也最普遍,只需以刷子轻轻蘸取,再刷在颊上即可,适合一般肤质及油性肤质。

眼影

用途 眼影用于强调眼部轮廓,增加眼部神彩以及调整眼型。眼影的种类繁多,有粉质的、膏状的、珠光的、液体的等,最常用的眼影是粉质类眼影。

眼线笔

用途 眼线笔用于加深和突出眼部的彩妆效果,外形类似铅笔,使用时去除多余的木质部分,也可改善笔头的粗细。可选择笔芯软且防水的,优点是上色自然柔和,适合于淡妆。

眼线膏

用途 眼线膏是介于眼线液和眼线笔之间的"衍生物",质地适中,质感表现力强,易于使用,但防水性不好,常配合眼线笔使用,浓淡妆都适用。

眼线液

用途 眼线液表现力强,线条清晰,色彩鲜艳,防水效果好,且不易脱妆。适用于浓妆,建议出席特殊场合时使用眼线液。

睫毛膏

用途 睫毛膏用于增加睫毛浓密度,并拉长睫毛,使眼睛更富神彩。现在睫毛膏有透明型、增长型、浓密型、防水型、清爽型等多种,可根据需要进行选择。

眉笔

用途 眉笔主要用于修饰眉型,表现眉毛立体形态。眉笔相对眼线笔的笔芯要硬,这样有利于表现眉毛的质感。眉笔的颜色也有很多种,可根据各人眉毛及头发的颜色来进行选择。

眉粉

用途 眉粉使用时用眉粉刷蘸点后均匀地涂在眉毛上,由眉头向眉尾方向涂扫,用力轻而匀,效果比用眉笔更为自然。

唇膏

用途 唇膏是一种修饰唇部的膏状化妆品。使用和携带较为方便,在生活中应用较广。运用不同色泽的唇膏,可充分表现妆型的特征。

唇彩

用途 唇彩是一种使唇部看起来滋润明亮的唇部化妆品,涂抹后可增加唇部的饱满感,其光泽可使嘴唇具柔和感,效果较好,更多为化妆师青睐。

油彩

用途 油彩是一种专供影视及舞台演员化妆使用的油膏状彩色化妆品,由各种色料与油脂成分混合制备而成,其色调丰富明亮,色泽均匀一致,膏体细腻、稳定,具有优异的涂展性、遮盖力及附着性。

讨论与练习

请分别试用膏状粉底、液状粉底和粉饼型粉底,分析比较其特征。

粉底类型 优异特征	遮盖力	适合皮肤类型	表现力	保湿度
膏状粉底				
液态粉底				
粉饼型粉底				

学习反馈

单元 4 化妆刷的介绍与用途

学习要点

化妆刷的分类及使用技巧

学习难点

化妆刷的选择技巧

学习内容

唇刷

用途 用于涂口红或描画唇的轮廓。

眉梳

用途 用来梳理眉型。

睫毛刷

用途 用来梳理眉毛和睫毛。

眼线刷

用途 用于勾画眼睛的轮廓。

眉粉刷

用途 用于扫眉粉。

眼影刷

用途 用于刷眼影,有不同的型号,根据眼影范围及表现效果进行选择。

烟熏刷

用途 用于烟熏妆扫眼影。

高光刷

用途 用于立体打底中扫高光。

粉底刷

用途 用于打粉底。

斜头阴影刷

用途 用于扫阴影。

腮红刷

用途 用于扫腮红。

散粉刷

用途 用于定妆和扫除多余的散粉。

讨论与练习

化妆刷具的刷毛一般分为动物毛与合成毛两种,请仔细体验并分辨不同材质化妆刷的异同。

学习反馈

单元 5 其他化妆工具

学习要点
各类型其他化妆工具的使用

学习难点
最新化妆工具的选择

学习内容

海绵块

用途 用于涂敷粉底，可增加粉底与皮肤的贴合力。

粉扑

用途 用于扑散粉的工具。

眉钳

用途 修眉的工具，可将眉毛连根拔起。

剃眉刀

用途 修眉或面部剃发毛的工具。

眉剪

用途 用于修剪过长或杂乱的眉毛。

睫毛夹

用途 用于夹卷睫毛,使睫毛产生向上的卷翘效果。

美目贴

用途 一种塑料胶带,用于塑造双重眼睑。

假睫毛

用途 加强睫毛的密度和长度,增加眼部的神采。

讨论与练习

最新化妆工具的进展与使用,有条件的可到各大商场化妆品专柜进行试用。

学习反馈

■ **化妆材料与工具学习总结**

模块三
MODULE THREE

人 物 造 型 化 妆

基 础 妆

空中学习厅

模块名称 / 基础妆

模块内容 / 单元6　粉底与定妆
　　　　　　　单元7　眉型化妆
　　　　　　　单元8　眼部化妆
　　　　　　　单元9　腮红的修饰
　　　　　　　单元10　唇部化妆
　　　　　　　单元11　化妆基本流程

学习时间 / 第4~9周

学习情境 / 化妆实训室

学习目标 / 使学生熟悉化妆的流程，掌握化妆品的选择技巧，掌握粉底的不同打法，根据模特个人特征进行眉、眼、鼻、唇、腮的妆饰。熟练掌握了基础化妆，才能灵活创作各类妆型。

学习内容 / 1. 粉底的打法与定妆；
　　　　　　 2. 眉、眼、鼻、唇、腮的妆饰技巧；
　　　　　　 3. 彩妆品与化妆工具的使用技巧

学习方式 / 采用教学一体的授课方式，教师示范化妆方法，学生观摩后练习，并进行总结，教师及时给予反馈。通过不断的"练习—总结—反馈—练习"，使学生掌握化妆技能。

学习准备 / 彩妆品，化妆工具

单元 6 粉底与定妆

基础妆

学习要点
打底的方法与定妆

学习难点
粉底颜色与类型的选择

学习内容

1 粉底的作用与选择

化妆从清洁开始,以粉底为基础。一个好的妆容,粉底的好坏占有重要的地位。简单来说,粉底具有以下功能:

(1)粉底可以改善肤色。根据肤色选择合适的粉底颜色使面容增添自然、健康的色彩,同时遮盖面部不均匀的色素及细小的瑕疵。

(2)粉底可以调整皮肤性质。粉底对皮肤起到了保护和滋润的作用,提高皮肤对风霜雨雪及烈日曝晒的抵抗力,还可以增加干性皮肤的滋润度,帮助油性皮肤减少分泌物。

(3)粉底可以修饰脸型。利用粉底的深浅颜色,可以塑造面部立体结构,深色粉底常涂在脸部凹陷的地方,如鼻侧、眼窝、两腮等,浅色粉底则涂在脸部凸出的部位,通过二者的明暗对比,使面部立体感增强。

在选择粉底的时候,主要从肤质与肤色两个方面考虑。干性肌肤在涂抹粉底时常由于过度的干燥容易起皮,宜选用滋润保湿的粉底液上妆;油性皮肤使用粉底液时最大的问题就是脸上容易泛油,导致妆容脱落、溶化及局部妆容堆积厚重,建议选择无油配方或者控油效果佳的粉底。对于混合型肌肤,T区容易出油的部位选用能有效控制油脂分泌并令油光部位哑光的粉底,干燥部位选用滋润型粉底。

粉底选择的另一个重要因素是肤色,我们可以通过表3-1所示进行选择。

表 3-1

米色	●	使皮肤显得自然，洁白而细腻，适用于皮肤较白的人群
土色	●	皮肤显得自然，修饰感不明显，适合健康红润的皮肤
白色	●	主要用于立体打底中的高光色
咖啡色	●	主要用于立体打底中的暗影色
浅咖啡色	●	主要用于男性和皮肤较黑的女性

2　工具材料

打底所需材料包括基色、高光色、阴影色粉底以及定妆粉，工具常选用海绵、粉底刷及定妆粉刷等。

3　立体打底

立体打底就是根据色彩的明暗关系，利用深浅不一的粉底在脸的各个部位进行弥补与修饰，以达到完美协调，富有立体感的效果。打底的程序与要求如下：

01 基本底
方法：选择与肤色接近或相同的粉底颜色，均匀地涂抹在脸上。
作用：调整肤色，改善皮肤质感，遮盖面部瑕疵，使皮肤光洁细腻。

02 光色
方法：涂在希望突出的部位。如"T"字部位、额头、下眼睑三角区等部位，颜色比基本底浅。
作用：突出内轮廓。

03 暗影
方法：涂在脸部需要缩小的部位，如颧骨、下颌骨、面颊等部位。
作用：收缩外轮廓。

4 打底的方法

（1）**点拍**：使粉底与皮肤的贴合力强，上妆粉质厚，适合浓妆打底和膏状粉底，遮盖雀斑、瘢痕等瑕疵以及加强高光和暗影的效果也用此手法。

（2）**点擦**：上妆薄而均匀，妆型清淡，适合淡妆和粉底液，以及眼睛、鼻翼、嘴角周围等敏感区打底。

（3）**拍擦**：上妆均匀，自然贴合，适合任何质地的粉底和妆型，是使用最广泛的打底手法。

5 定妆

定妆时使用定妆粉，定妆粉又称为散粉、蜜粉，用于固定粉底，使妆型自然持久。定妆的方法为：

| （1）用散粉刷蘸上散粉后在掌心轻轻揉搓，使散粉在粉刷上均匀地揉开。 | | （2）把散粉刷轻扫过面部，眼睛和嘴周围散粉略少，阴影处可略多。 | | （3）最后用大号粉扑把多余的散粉按压掉。 |

讨论与练习

1. 练习打底的基本步骤。

要求：两人一组进行练习，打底时间控制在 15 分钟内。

材料：粉底海绵，基色、高光色、暗影色粉底膏，定妆粉，大号粉刷。

体会：

2. 练习打粉底的手法,请用箭头在下图标注打底的正确方向。

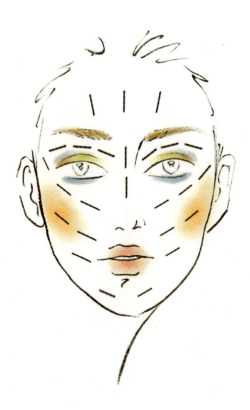

3. 选择一名模特,按照立体打底的方法运用粉底对面部进行修饰。
要求:将原型照片与完成后的照片贴在下方并进行对比分析。

| 原型照片 | 打底后照片 |

打底分析与心得：

学习反馈

学习要点
眉型的修饰技巧

学习难点
根据脸型调整眉型

单元 7　眉型化妆

学习内容

　　画眉主要是强调个性，表现妆型的特点，弥补眉毛自身生长不足，完善眉型。同时，选择合适的眉型可调整眉与眼睛的间距，起到改变脸型的视觉效果。

1　眉型的结构特征

　　眉毛是眉的外表形态的主要标志，其内端称眉头，近于直线状；外侧端稍细称眉尾；眉头与眉尾之间为眉腰，略呈弧线状；弧线的最高点称之为眉峰。标准眉型的设计最重要的是确定眉头、眉尾、眉峰的位置（如下图所示）。

　　(1) **眉头**：标准眉眉头位于内眦角正上方，在鼻翼边缘与内眦角连线的延长线上。两眉头间距约等于一个眼裂长度。

　　(2) **眉尾**：稍倾斜向下，其尾端与眉头大致应在同一水平线上，眉梢的尾端在同侧鼻翼与外眦角连线的延长线上。

　　(3) **眉峰**：位置应在自眉梢起的眉长中外 1/3 交界处，或在两眼平视前方时鼻翼外侧与瞳孔外侧缘连线的延长线上。

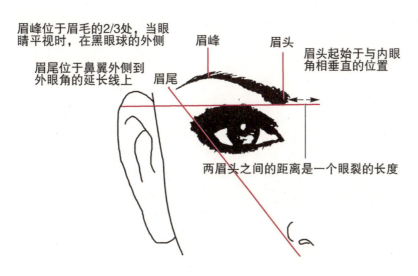

2 工具与材料

画眉所需工具有眉钳、剃眉刀、眉剪、眉梳与眉刷,所用到的化妆品主要是眉粉与眉笔。

3 修眉的方法

描画的眉型应与脸型及模特个性相协调,眉色与肤色、妆型相协调。眉毛的描画要虚实相应,左右对称。

01 眉钳修眉方法 —— 用左手的食指和中指拉紧皮肤,把眉钳紧贴于皮肤上,夹住眉毛的根部,顺着眉毛的生长方向快速拔除。

02 剃眉刀与眉剪修眉方法 —— 把剃眉刀紧贴于皮肤上,逆方向剃刮眉毛。调整眉毛的长度时,用眉剪修整过长和向下长的眉毛。注意眉尾处眉毛应短一些,越靠近眉头眉毛越长,从眉毛中部到眉尖,不要剪得过短。

4 画眉的方法

(1) 用眉刷蘸上眉粉,画出眉的形状。 → (2) 把眉笔削成尖形成鸭嘴状,在眉毛的残缺部位顺着眉毛生长方向一根一根地描画上去。 → (3) 眉头与眉尾颜色较淡,眉腰到眉峰颜色最深。眉型呈现两头虚、中间实,上虚下实的立体形态。

(4) 眉色应与头发、瞳孔的颜色和谐一致。 → (5) 浓妆眉色略深,淡妆自然柔和。 → (6) 眉色过浓时,可用眉刷蘸浅色眉粉将色块晕开。

讨论与练习

1. 熟悉画眉的基本步骤。

   要求：两人一组进行练习，时间控制在 30 分钟内。

   材料：修眉刀，眉钳，小剪刀，眉粉，黑色和咖啡色眉笔，眉刷。

   小组自评：

2. 简要地写出画眉毛的基本步骤。

3. 请参照标准眉型,设计并描绘 5 对眉型,每个眉型各临摹 10 个。

学习反馈

单元 8 眼部化妆

学习要点
眼部化妆技巧

学习难点
眼影的不同画法

学习内容

眼部化妆包括眼影、眼线、睫毛和双眼皮的制作四个部分。

1 眼影

（1）眼影色彩的选择

| 亮色 | 亮色涂在希望凸出或扩张的地方，一般是偏暖色或明度高的色彩。亮色可使过窄、过低或过小的部位显宽、显大，有扩张的作用。常用的亮色眼影有白色、米色、象牙白、浅粉、浅蓝、明黄色、银白色等。 |

| 表现色 | 表现色是眼影中最引人注目的颜色。在搭配得当的情况下，任何颜色都可以成为表现色。 |

| 暗色 | 暗色涂在希望收缩或凹陷的地方。暗色一般选择偏冷的颜色，使过大或过宽的部位有缩小、后退和凹陷的效果。常用暗色眼影有橄榄色、棕色、灰色、蓝色、黑色等。 |

（2）眼影的层次表现

| 第一层：亮色 | 上眼睑由内眼角开始，从睫毛根部向上晕染至眉底线，到眉腰处让过眉弓骨，向眼平拉。
下眼睑由内眼角向外眼角晕染，内眼角线条细，慢慢加粗至外眼角，并与上眼影衔接。 |

| 第二层：表现色 | 上眼睑由外眼角向内眼角晕染，从睫毛根部向上晕染到双眼皮上，睁开眼睛在双眼皮的皱褶上面。下眼睑在睫毛根部，第一层眼影内整个下眼睑的外二分之一处。 |

第三层：暗色 —— 上眼睑在睫毛根部，双眼皮皱褶内，重点在外眼角，范围不宜过宽。下眼睑在第二层眼影内，整个下眼睑的三分之一。

(3) 材料与工具

画眼影的材料与工具包括各色眼影粉，不同型号的眼影刷等。

(4) 眼影的画法

① **眼尾重心法**：将深色眼影呈"＜""＞"形分别涂在左右眼的眼尾位置，大约在上、下眼睑的中间位置自然收尾即可。

注意：想要拉近眼距需使用深色系眼影。银白、浅黄等颜色是起反效果的，也就是拉开眼角的作用。

眼尾重心法

② **欧式画法（假眼窝）**：将眼影由睫毛根部逐渐向上涂满整个眼窝，眼窝边缘的颜色可适当加深，令眼窝变得深邃立体。

注意：如需将亚洲人眼型呈现欧式眼型效果，重点在于假眼窝的描画，而不是画假双眼皮。

欧式画法

③ **烟熏眼画法**：首先要用到的是浅棕色眼影，眼影刷蘸取适量的浅棕色眼影，把它涂抹到整个眼窝上，然后通过深色眼影的堆叠和粗粗的眼线晕染，从而达到深邃大眼的效果。

烟熏眼画法

2 眼线

（1）眼线的作用

眼线通过调整眼睛的轮廓及两眼的间距，增加眼睛的黑白对比度，强调眼睛的轮廓，使眼睛明亮有神。

（2）材料与工具

描画眼线的材料与工具包括眼线笔、眼线液、眼线膏、水溶性眼线粉及眼线刷等。

（3）眼线的画法

上眼线：紧贴睫毛根部，眼头细，眼尾粗，眼尾略长并微微上翘。

下眼线：外眼角的三分之一在睫毛根部的外面，线条略粗，到三分之一时转到睫毛根部的里面，线条逐渐变细直到内眼角。

（4）画眼线的要求

眼线的描画要整齐干净，眼线的形符合模特眼型及个性的需要，其宽窄、色调与妆型协调。

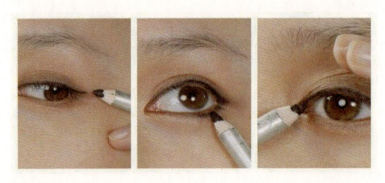

3 睫毛膏

（1）睫毛膏的作用

涂睫毛膏可以弥补睫毛自身生长不足，使睫毛显得浓密，并起到拉长效果，使眼睛更具魅力。

（2）涂睫毛膏的方法

① **夹睫毛**：如果睫毛向下生长或自身睫毛较长的，应用睫毛夹夹卷。为使上翘的睫毛弯曲度自然，使用三段法来夹睫毛，先夹睫毛根部，再夹中间，最后夹末梢。

② **上睫毛**：模特眼睛向下看，用左手拉紧眼皮，使睫毛突出，再用睫毛刷在睫毛的底下以"Z"形从根部向梢部涂染。

③ **下睫毛**：眼睛向上看，用睫毛刷做横向涂染，也可以用睫毛刷的尖部做纵向涂染。

当睫毛需要呈现较为浓密的效果时，应先薄涂一层，等干后再涂一层，可反复多次涂染，但应注意一次不可涂得过厚。

（3）涂睫毛膏的要求

涂后要保持睫毛一根根的自然状态，不能粘结结块。

4 双眼皮与眼型的调整

我们可运用化妆技法使单眼皮呈现为双眼皮形态,也可矫正过于下垂的眼皮或调整两眼大小,使眼睛有扩大的效果。

在对眼部双眼皮进行化妆时,我们常用到两种方法,即使用美目贴和深丝纱,表3-2列出了这两种方法的优缺点及使用技巧。

美目贴和深丝纱的优缺点及使用技巧

类型	使用妆型	优点	缺点	使用技巧
美目贴	生活化妆和影楼化妆	方便,容易掌握	因是塑胶制品,不易上色,且有反光点	在打底前根据眼型剪成两头稍圆的月牙形,用镊子夹住粘贴于适当的位置
深丝纱	影视化妆和舞台化妆	自然,容易上色	须配合酒精胶水使用	在涂完眼影后使用,根据眼型将深丝纱剪成月牙形,涂抹适宜的酒精胶水粘贴于双眼皮,最后用定妆粉定妆,避免两层眼皮粘在一起

讨论与练习

1. 练习3种眼影的画法。

   要求:两人一组进行练习,时间控制在40分钟内。

   材料:眼影,眼影刷。

教师点评:

2. 临摹练习。

眼尾重心法

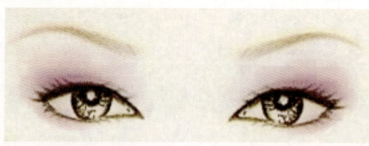

欧式画法

烟熏眼画法

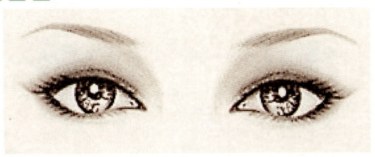

3. 练习眼线的画法,以及睫毛膏、美目贴的使用方法。

要求: 两人一组进行练习,时间控制在 40 分钟内。

材料: 眼线笔,眼线膏,眼线液,睫毛膏,美目贴,剪刀。

小组点评:

4. 用铅笔在下图描绘眼线的形态与位置。

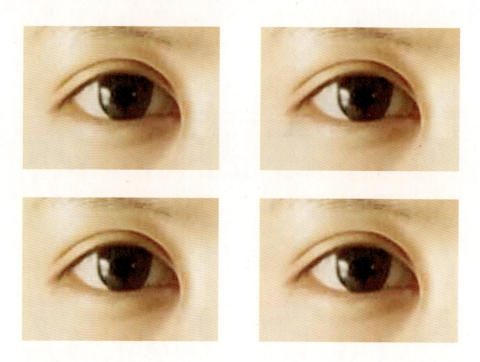

5. 修剪美目贴二十对,贴于下方。

学习反馈

单元 9　腮红的修饰

学习要点　腮红的修饰技巧

学习难点　腮红的位置及打法

学习内容

1　腮红的作用

腮红是日常化妆中不可缺少的一部分，用于面颊润色和面部轮廓的修饰，可使面色呈现红润健康的状态，恰当地使用腮红还可以调整脸型的轮廓。

2　材料与工具

腮红的适宜材料与工具包括粉状腮红、膏状腮红与腮红刷。

3　腮红位置及打法

（1）常用腮红位置与打法

腮红通常打在颧骨旁，一笑抬起的位置，以鬓发为起点，向嘴角方向涂抹，向内不过外眼角，向下不过嘴角，晕染柔和自然。

（2）腮红对脸型的修饰技巧

腮红可以使脸部具有立体感，不同脸型的腮红使用方法不尽相同，如果要修饰脸型，首先要选对腮红。比如使用苹果色的腮红可以提升年轻可爱的气质；要想打造小脸颊，可直接用棕色腮红在颧骨凹陷处斜向上扫均匀，即可达到立体缩脸的效果。

粉状腮红打法

膏状腮红打法

讨论与练习

1. 练习粉状腮红和膏状腮红的打法,体会不同腮红的优缺点。
要求:两人一组进行练习,时间控制在 15 分钟内。
材料:粉状腮红,膏状腮红,腮红刷。

小组点评:

2. 填色练习。
在图上适当的位置填涂正确的腮红位置。

学习反馈

学习要点
唇部的化妆技巧

学习难点
唇型的改变,唇色的选择

单元 10 唇部化妆

学习内容

1 唇型的结构特征

嘴唇包括白唇部、红唇部与黏膜部,分为上唇与下唇,上唇的形态变化大,形态标志明显,对唇型美影响大,其表面有人中、唇缘弓、唇谷、唇峰、唇珠五个重要结构。唇的宽度是当两眼平视正前方时,两瞳孔的内侧缘向下的垂直线之间的宽度,唇的厚度大约是嘴裂的1/2。中国传统审美认为上唇略薄于下唇即可;欧洲人认为下唇应是上唇的两倍厚。

2 材料与工具

画唇的材料与工具包括口红、唇彩、唇刷与唇线笔。

3 唇型的描画方法

(1) 确定唇型

我们在描画唇型时重要的是唇线。唇线可以使唇部的轮廓更加清晰,通过选择比口红略深颜色的唇线笔,可以增加唇部的立体感,弥补和矫正唇型的不足。使用唇线笔比较容易描画唇型,并易修改,还可以防止口红外溢。

描画唇线需要确定唇峰、唇谷及下唇中部的位置,找到各个点后,从嘴角起将各个点连线,要求线条流畅自然。

(2) 涂口红

(3) 画好唇线后,用口红刷蘸上唇膏,从唇角向唇中部涂抹,由外向内涂满。为了增加立体感,口红分三层涂抹:第一层为基底色,也就是所要表现的颜色,涂满全唇。第二层为暗色,重点在唇角和唇的边缘,增加唇部的立体感。第三层为亮色,用于上唇的唇峰下面和下唇中间,突出表现,使唇肌显得饱满。

标准唇型

讨论与
练习

1. 唇的画法。

要求：两人一组进行练习，时间控制在 15 分钟内。

材料：各色口红，唇刷，唇线笔。

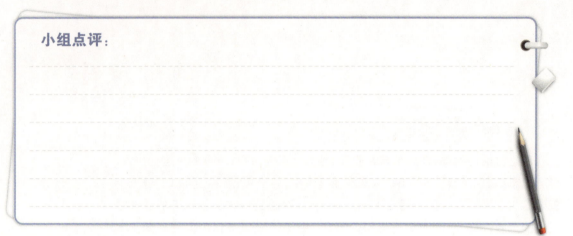

小组点评：

2. 临摹唇型，画出 10 幅唇型。

学习反馈

单元 11 化妆基本流程

学习要点
化妆的基本流程

学习难点
熟悉化妆流程，能在规定时间内完成

学习内容

1　化妆的步骤

01　清洁皮肤

洁净的皮肤是化妆的基础，清洁的皮肤使妆型牢固自然，化妆品与皮肤的亲和力更强。

02　修眉

除去多余的眉毛，根据脸型和妆型，修出基本的眉型。

03　粉底

基本底：根据皮肤的性质与化妆的需要选择适当的粉底，根据肤色选择适当颜色的粉底。

高光色：突出内轮廓，加强面部的立体感。

暗影色：收缩外轮廓，加强面部的立体感

04　定妆

固定粉底，防止脱妆，减少皮肤上的油光感。

05　修容

再一次强调面部的立体感。

06 眉毛

眉型要与眼型、脸型、妆型协调，左右对称，眉色由深至浅过渡柔和，具有立体感。

07 双眼皮

改变和矫正眼型。

08 睫毛

增加睫毛的浓密感和妆型效果。

09 眼线

强调眼睛的轮廓，弥补眼型的不足。

10 眼影

强调眼部的凹凸感，增强眼部表现力。

11 唇

唇型要饱满圆润，轮廓清晰。

12 腮红

打法及面积的大小应根据脸型而定。

13 修妆

检查整体效果，包括妆型与妆色是否协调，左右是否对称，底色是否均匀等。如果有不足可作适当的修补。

讨论与练习

基础妆操作练习。

要求：每个步骤进行评分，共计 100 分，时间控制在 60 分钟内。

步骤	修眉	粉底	眉毛	双眼皮	眼影	眼线	睫毛	腮红	唇	定妆
评分										

教师点评

学习心得

学习反馈

■ 基础妆学习总结

模块四
MODULE FOUR

人 物 造 型 化 妆

矫 正 化 妆

空中学习厅

模块名称 / 矫正化妆
模块内容 / 单元12　粉底对脸型的矫正
　　　　　　　单元13　眉型的矫正
　　　　　　　单元14　鼻型的矫正
　　　　　　　单元15　眼型的矫正
　　　　　　　单元16　假睫毛的使用
　　　　　　　单元17　腮红对脸型的矫正
　　　　　　　单元18　唇型的矫正
学习时间 / 第 10～12 周
学习情境 / 化妆实训室

学习目标 / 通过本讲使学生能够将矫正化妆的技巧灵活运用于各类妆型设计，并能根据需要对模特进行结构改造。

学习内容 / 1. 脸型的矫正方法
　　　　　　 2. 眉型、眼型、鼻型、嘴型的设计与矫正

学习方式 / 由教师示范，引导学生掌握脸型的修正方法，以及根据脸型与妆型需要设计眉型、眼型、鼻型、嘴型等；学生选择不同容貌结构的模特进行矫正化妆，经过前后对比，总结反馈并不断练习，掌握矫正化妆。

学习准备 / 彩妆品，化妆工具

单元 12 粉底对脸型的矫正

矫正化妆

学习要点
正确选择粉底与定妆粉对脸型进行矫正化妆

学习难点
黑眼圈、眼袋、雀斑、黑痣的修饰

学习内容

1 粉底色对肤色的调整

粉红色：使皮肤显得细嫩、红润，适合于面部苍白缺血的人。
浅绿色、浅蓝色：用于红脸膛或面部有红血丝皮肤，可削弱赤红脸的颜色。
紫色：用于肤色偏黄的人，可以修饰黑眼圈。

2 各种脸型的矫正方法

01 长脸型

特征：面颊消瘦，面部肌肉不够丰满，额部与腮部轮廓方硬，三庭过长，大于3/4的面部比例，这种脸型使人显得缺少生气，并有忧郁感。

修饰：阴影的重点在额角和下颌角部位。

上庭长：上额发际线边缘打阴影，并用刘海修饰。
中庭长：在鼻根部提亮，鼻尖处打阴影，收短中庭的长度。
下庭长：提亮打在下颌尖的上面，提升下颌的位置，阴影打在下颌尖上，收短下颌的长度。

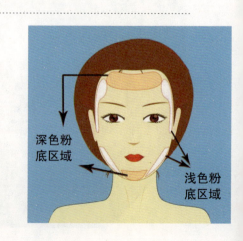

深色粉底区域
浅色粉底区域

方脸型

特征 脸的宽度和长度相近,上额角和下颌角较宽,角度转折明显,面部呈方形,这种脸型使女子缺少女性的柔美感。

修饰 阴影打在上额角和下颌角,外眼角下方提亮到下颌处,收缩脸的宽度。

需要提亮的部位包括:

"T"字部:一直到鼻尖,增加中庭的长度;

下眼睑:需要注意的是下眼睑提亮不能面积太大;

下颌尖:通过提亮下颌尖增加脸的长度。

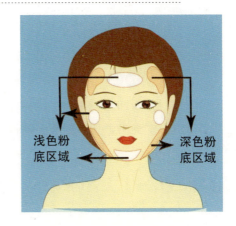

浅色粉底区域　深色粉底区域

圆脸型

特征 额骨、颧骨、下颌、下颌骨转折缓慢呈弧面形,面部肌肉丰满,脂肪层较厚,脸的长宽比例相近。

修饰 阴影涂在额的两侧和面颊部位,收敛脸型的宽度。提亮"T"字部,增加中庭的长度,下眼睑提亮区略窄,收缩脸的宽度;下颌尖提亮,增加脸的长度。

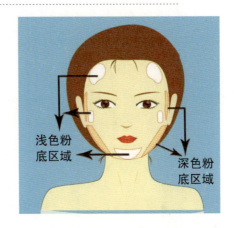

浅色粉底区域　深色粉底区域

三角脸型

特征 类似梨形脸,也叫倒瓜子脸。额头窄小,下巴两边比较突出,基本与下巴尖齐平,使脸部的下半部宽而平。这种脸型整体重心偏下,有一种下坠感。

修饰 在下颌骨的突出部位涂抹深色粉底,收敛宽度;再将浅色粉底涂抹在两边的上额角和下巴尖,使额角变宽,下巴尖突出。

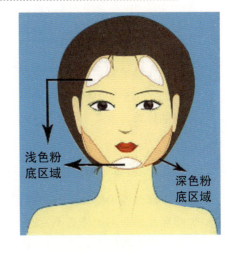

浅色粉底区域　深色粉底区域

05 申字脸型

特征 额骨两侧过窄,颧骨较宽且突出,下颌骨凹陷,下颌尖而长。

修饰 阴影涂在颧骨部位,收缩其宽度,下颌尖涂阴影,收缩其长度。提亮两侧的太阳穴与面颊部位,使其突出,"T"字部与下眼睑也适当提亮。

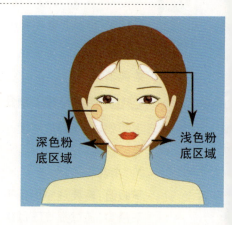

深色粉底区域　　浅色粉底区域

3 定妆粉的矫正作用

不同类型的定妆粉对脸型起到不同的矫正作用：颗粒较粗的粗质定妆粉适合于毛孔粗大的皮肤,而颗粒较细的轻质定妆粉适用于毛孔小、细腻的皮肤。

此外,根据颜色的不同,定妆粉也有不同的矫正作用:

有色定妆粉	象牙白	适用于肤色或粉底色较白者
	紫色	适用于肤色或粉底色偏黄者
	绿色	适用于肤色或粉底色偏红者
	粉色	增加皮肤的质嫩感,面色红润健康,适用于新娘妆
	橘色	适用于在暖色光源之下使用,令皮肤显得自然滋润
无色定妆粉		使用后不改变底色,容易和粉底合为一体
珠光定妆粉		体现皮肤的质感,使皮肤有光泽感。 珠光散粉不是所有人都可以使用,皮肤凹凸不平、脸鼓的人应慎用珠光散粉

4 双色修容饼

双色修容饼在定妆之后使用。定妆粉有冲淡色彩的作用,扑完粉后,原来的立体层次变得柔和,为了进一步强调脸部的立体感,在原来提高过高光和打过阴影的部位使用双色修容饼做进一步的修饰。

5 黑眼圈的修饰

黑眼圈的修饰可选用遮盖性强的遮瑕膏,色调宜选用比原本的肤色略浅并偏粉红或偏黄的颜色。黑眼圈的修饰不能选用白色遮瑕膏,因为黑色和白色混合后是青色,会使黑眼圈更严重。浓妆可选用质地略厚的遮瑕膏；淡妆可选用质地薄的,但要经常补妆。

当黑眼圈较重时,眼影的颜色最好选用暖色调,以减弱黑眼圈的色素,忌用浅的冷色。另外,还可以选用色调较亮的腮红和口红,以使妆型显得更加鲜亮。

6 眼袋的修饰

修饰眼袋时选用比本身肤色稍亮的浅粉色或浅黄色的遮瑕膏,涂在眼袋的阴影处,涂抹的位置要准确。

7 黑痣的修饰

使用遮瑕膏修饰黑痣时,遮瑕膏的颜色要多调几次,色彩的明暗、冷暖及色相等因素都需考虑。颜色深,痣也更暗;颜色浅,痣将会更突出。

8 雀斑的修饰

雀斑少的情况下,可正常打底,然后用小号笔蘸取比肤色稍亮的遮瑕膏慢慢地遮盖。根据雀斑位置的不同,所用遮瑕膏的颜色也要做出相应的调整,如鼻梁和额头部位遮瑕膏的颜色稍浅,腮红的位置则用稍深颜色的遮瑕膏。

雀斑多的情况下,我们可以从以下三个方面来进行修饰:
（1）选用颜色介于雀斑和皮肤之间的粉底色,使雀斑和皮肤趋于一致。
（2）可用有光泽的粉底掩盖,通过增加皮肤的光泽感使雀斑不突出。
（3）突出个性化妆,分散注意力。

9 修正液

修正液是运用色彩互补的原理,修饰不理想的肤色并进行调整,减轻皮肤发暗、发黄、发红的程度,使皮肤有透明感。

紫色	修正偏黄的肤色
绿色	修正偏红的肤色
蓝色	修正灰暗无光泽的肤色

修正液的种类很多,质地细腻而薄的适用于色素较淡的皮肤;质地密实、遮盖力强的适用于色素较深的皮肤。

讨论与练习

1. 选择不同脸型的模特,使用粉底与定妆进行修饰。

修饰前照片

修饰后照片

小组点评：

学习反馈

单元 13 眉型的矫正

学习要点
根据不同的眉毛条件、脸型与妆型进行眉型设计的方法

学习难点
特殊眉型的矫正

学习内容

1 眉型的选择

眉型的选择需综合考虑模特眉毛的条件、眉眼间距以及脸型和妆型，选择合适的眉型。

脸型	矫正方法
长脸型	眉型平而略带弧度，眉色宜浅淡，缩短五官的距离
方脸型	眉头压低，眉尾上扬，成弧形，不突出眉峰，用柔和的线条来弥补面部强硬有力的线条
圆脸型	眉头尽量压低，眉尾上扬，呈微吊形，拉长五官的距离
三角脸型	眉型略带弧度，眉峰向后移，眉梢向外平直拉长
申字脸型	眉型宜平，眉峰向后移，不宜突出眉峰，呈弧形，眉尾平直拉长

2 眉型的修饰

眉型特征	矫正方法
眉毛过于平直	可将眉头与眉尾处的上缘修去少量，再将下缘修去，使眉毛形成柔和的幅度
眉毛高且粗	可将眉毛上缘修去，拉近眉毛与眼睛之间的距离
眉毛太短	可将眉尾修得尖细柔和，再用眉笔将眉毛画长些
眉毛太长	可修去眉毛长的部分，眉尾不要修得粗钝，适合修眉毛的下缘，使之逐渐变得尖细
眉毛稀疏	可用眉笔描出短羽状的眉毛，再用眉刷轻刷，使其柔和自然，不宜将眉毛画得过于平直
眉毛太弯	可修去眉毛上缘，以减轻眉毛的弧度
眉头太近	可修去鼻梁附近的眉毛，使眉头与内眼角对齐
眉头太远	可利用眉笔将眉头描长，缩小两眉之间的距离

讨论与练习

下面所示眉型与脸型配合不当,请设计恰当的眉型并进行描画。

不当的眉型	恰当的眉型

学习反馈

单元 14 鼻型的矫正

学习要点
鼻型的矫正原则与技巧

学习难点
明暗色彩对特殊鼻型的矫正效果

学习内容

1 鼻妆的色彩

用色彩塑造鼻型不同于眼影的描画，画眼影可根据化妆的风格，用不同的色彩来点缀修饰，而鼻子的塑造则需要具有真实感，因此在用色上必须以肤色为基础，选择比肤色深和浅的同类色或邻近色，如棕色、褐色等暖色调，但某些特殊的妆型也有用蓝色、紫色等冷色调。人们常用暗色粉底、光影粉底及眼影来修饰鼻型，通过色彩创造出明暗变化、高低起伏的立体效果。

2 特殊鼻型的修饰方法

鼻子过长	鼻子过大	鼻子短小
鼻侧影适当拉长，可与眉毛连接，将阴影自然地转入眼窝，用横向线条消除纵向鼻子的长度感；鼻尖可用阴影色进行修饰，在视觉上缩短鼻子的长度。高光重点放在鼻梁根部至鼻梁中段。	鼻梁中央打上高光使鼻梁显得高挑，鼻翼两侧用阴影色进行修饰，从视觉上缩小鼻子。	以肤色为基调，选用深于肤色的颜色，在鼻侧自眉头向鼻翼处由深至浅涂染，尽可能拉大，加强纵向视觉延伸，鼻梁中心线处涂一条高光，鼻子画得窄长，立体效果才明显。

在处理鼻影色彩的深浅时，需综合考虑个人喜好及环境要求，日常妆在自然光下，鼻侧影的色彩应淡些，晚妆在灯光环境下鼻侧影可略浓些。

讨论与练习

请根据下图鼻型进行正确的矫正修饰。

鼻型	恰当的鼻型
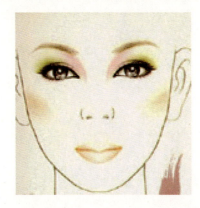	
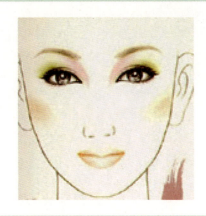	
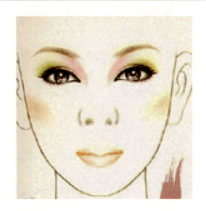	

学习反馈

单元 15 眼型的矫正

学习要点
不同眼型的矫正方法与技巧

学习难点
配合妆型进行眼型的矫正与设计

学习内容

01 拉近眼距

如需眼角放大、眼距缩短，先上好基础眼线，然后在眼头将眼线自然连接过渡到下眼角的约1/3处。

02 拉开眼距

拉开眼距需要将眼部的重点转移到尾部。首先从上眼睑的3/5位置开始向眼尾画出上眼线，接着与眼尾处的1/3长下眼线完整连接，这样在视觉上眼距就明显拉开了。

03 使眼睛下垂

下垂眼需要将原本正常上翘的眼尾弧度变得平缓，因此需要从下眼睑1/2处开始向眼尾画出逐渐加粗的下眼线，在眼尾与上眼线以圆润的线条过渡融合。

04 使眼睛变长

长眼的关键在于眼尾的描画，眼尾的长度要控制好，同时还需掌握微微上翘的弧度。画下眼线时适当地拉长眼线尾部的线条，同时稍稍勾勒出自然上翘的弧度。

05 使眼睛变圆

圆眼显得平易近人，而且视觉给人感觉眼睛变大了。想要打造圆眼效果就一定要注意扩大黑眼球的直径，所以在画眼线时需在瞳孔正上下方进行加粗，而且应该是中间粗两边细的描法。

讨论与练习

请在下面方框内,根据不同眼部特点绘出并标注矫正的方法。

眼距宽的矫正方法

眼距窄的矫正方法

下垂眼的矫正方法

模块四 / 矫正化妆

长眼的矫正方法

圆眼的矫正方法

学习反馈

单元 16 假睫毛的使用

学习要点
运用假睫毛对眼型进行矫正

学习难点
特殊眼型的假睫毛使用方法

学习内容

当自身睫毛生长得太短或稀少，或是需增加特殊妆型的效果时，可借助假睫毛来进行矫正。

1　假睫毛的种类

（1）带底线
仿真形：适用新娘妆、生活晚妆、青年妆等比较保守的妆型。
浓密形：适用舞台妆、欧式妆等浓艳夸张的妆型。
（2）单束形
浓密形：适用浓妆。
仿真形：效果自然，适用淡妆的上睫毛或浓妆的下睫毛。

2　粘贴假睫毛的方法

（1）先将成形的假睫毛根据需要进行修剪。毛发部分应修剪得有参差感，显得自然，内外眼角部分略短，中间长。
（2）底线上涂上睫毛胶，但不宜涂得过多。
（3）用镊子夹住假睫毛，紧贴自身的睫毛根部粘贴。
（4）睫毛贴到眼线外，适合舞台妆和摄影妆。

熟练运用假睫毛修饰下列几种眼型,并在右侧画出效果。

眼角下垂修饰	

单眼皮修饰

双眼皮修饰

学习反馈

080 人物造型化妆　RENWU ZAOXING HUAZHUANG

单元 17 腮红对脸型的矫正

学习要点
腮红对脸型进行矫正的方法与技巧

学习难点
对应脸型的腮红矫正技巧

学习内容

01 长脸型
矫正方法 以鬓发为起点，不可高过外眼角，横向晕染。

02 方脸型
矫正方法 以鬓发为起点，不可高过外眼角，斜纵向晕染，面积宜小，颜色宜浅淡。

03 圆脸型
矫正方法 以鬓发为起点，斜向晕染，面积不宜过大。

04 三角脸型
矫正方法 以鬓发为起点，略高于外眼角，斜纵向晕染。

05 申字脸型
矫正方法 以鬓发为起点，不可高于外眼角，斜向晕染。

讨论与练习

判断下图脸型的腮红打法,在图上运用腮红进行修饰。

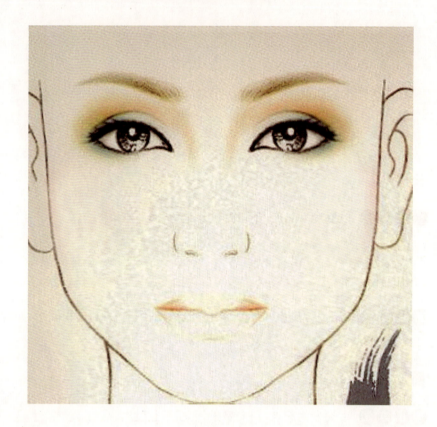

学习反馈

单元 18 唇型的矫正

学习要点
改变唇型的技巧

学习难点
不同脸型的唇型设计

学习内容

不同唇型的修饰技巧如下所示：

01 薄嘴唇

矫正方法 用遮瑕膏遮掩原来的唇型，用唇线笔勾画出较明亮的唇线，向外画出 1~2 mm，涂上浅色唇膏，结合唇彩的使用，使唇部显得较丰满立体。

02 厚唇

矫正方法 上下唇线往内侧画 1~2 mm，唇膏选用较深的颜色，不可用亮色唇膏，这样使唇看起来有缩小的效果。

03 下垂的唇型

矫正方法 唇角下垂的唇，上唇线略向上方提起，下唇的唇膏颜色比上唇的唇膏色稍深。

04 下唇较薄

矫正方法 下唇的角度可加大并涂满，下唇线可往外画 2~3 mm。

05 上唇较薄

矫正方法 用唇线笔把上唇往外画 1 mm。

06 上下唇皆薄

矫正方法 用唇线笔把上下唇都往外勾画。

07 嘴唇弯度过大

矫正方法 把唇线笔在唇峰位置往内画并拉平，唇角用唇线笔往外画。

08 上下唇皆厚

矫正方法 用唇线笔在上下唇都往内画1～2 mm。

09 嘴唇小

矫正方法 嘴角与唇峰向外展出1～2 mm。

10 嘴角下陷

矫正方法 提开上下唇角，唇线往外画，同时向上翘。

11 上下唇不对称

矫正方法 先找到不对称点，再用唇线笔勾画出嘴唇的平衡。

熟练地掌握唇型矫正方法，矫正图中错误的唇型。

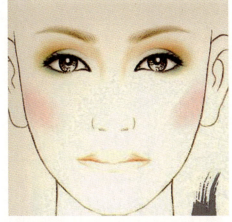 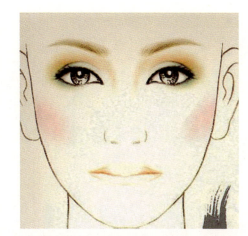

学习反馈

■ 矫正化妆学习总结

模块五
MODULE FIVE

人 物 造 型 化 妆
生 活 妆

空中学习厅

模块名称 / 生活妆

模块内容 / 单元 19　什么是生活妆
　　　　　　单元 20　生活日妆的流程、画法与要求
　　　　　　单元 21　生活日妆操作练习
　　　　　　单元 22　生活晚妆的特点与操作练习
　　　　　　单元 23　时尚生活妆欣赏与评析

学习时间 / 第 13 周

学习情境 / 化妆实训室

学习目标 / 掌握生活日妆与生活晚妆的设计与实施。

学习内容 / 1. 日妆的设计与实施
　　　　　　2. 晚妆的设计与实施
　　　　　　3. 生活妆流行元素的运用

学习方式 / 由教师分析生活妆型，掌握其妆型特征，并根据需要进行设计与实施；欣赏时尚杂志与时尚类节目，了解流行妆型，有条件的可到各类时尚场所进行观察，分析流行元素在生活妆中的体现。

学习准备 / 彩妆品，化妆工具

单元 19　什么是生活妆

生 活 妆

学习要点
生活妆的要求

学习难点
生活妆的特征及表现技巧

学习内容

1　生活妆的要求

　　生活妆也称为淡妆，为人们在日常生活与工作中所使用的妆型，表现在自然光线和柔和的灯光下，妆色清淡典雅，自然协调，是对面容的轻微修饰。生活妆分为生活日妆与生活晚妆，因为生活晚妆使用得较少，我们通常所说的生活妆指的都是生活日妆。生活妆在化妆时一定要掌握好分寸，不要给人留下很强的化妆印象。尤其是生活妆中的晚妆，既因为晚上光线不佳，妆色要略艳丽，妆型要略夸张，又不能达到晚宴妆那样绚丽的程度。

讨论

生活日妆妆型

生活晚妆妆型

晚宴妆妆型

讨论与练习

分组讨论，谈谈你认为生活日妆、生活晚妆和晚宴妆的妆型特点有什么区别。

学习反馈

单元 20 生活日妆的流程、画法与要求

学习要点
生活日妆的基本画法和流程

学习难点
生活日妆的妆型设计,实用技巧

学习内容

生活日妆的基本画法和流程如下,对每个环节的要求要熟练掌握,能够灵活运用。

01 清洁皮肤

为了让妆型牢固持久,首先要将皮肤清洗干净,并使用营养霜等护肤品,油性皮肤使用有收缩毛孔作用的化妆水。

02 粉底

粉底要薄而均匀,强调皮肤的自然光泽,粉底的颜色选择与肤色相同或接近的。皮肤光洁的可用有透明质感的粉底液,色斑皮肤或肤色较黑的应选用遮盖力略强的粉底液或粉饼。如脸上有斑点,在化完妆后,可用一根小小的点痣笔进行局部的清点。

03 定妆

生活妆的定妆要求粉质细而透明,扑粉要薄而均匀,不能扑粉过多,以免压掉皮肤本身的光泽。

干性皮肤可以不定妆,油性皮肤和混合性皮肤需注意额头(多汗)、鼻子(分泌油脂)、嘴(经常活动),这些部位散粉可略多。

04 眼影

日妆的眼影要自然柔和,多选用暖色调,也可考虑与服饰颜色相协调,色彩搭配应简洁,以一种或两种颜色为宜,如浅咖啡、蓝灰色、米白色、浅紫色等。肿眼泡和眼袋下垂者,为避免问题加重,忌用红色。

05 眼线

生活妆眼线的颜色要选择咖啡色或灰色等自然一点的颜色,眼线的描画要靠近睫毛根部画,不能大幅度地改变眼型,下眼线可用咖啡色眼影替代,颜色要晕开,形成自然柔和的眼线。

06 粘双眼皮

生活妆的眼型可作适当改变,如两眼大小不对称或双眼皮不够明显时,都可以通过美目贴来改变。

07 涂睫毛

将睫毛夹卷后再涂睫毛膏,可反复多次涂抹,但应避免涂得过多。自身睫毛浓的可只用睫毛膏,反之,可粘贴假睫毛。使用的假睫毛,无论形状或颜色都不要夸张。

08 眉毛

生活妆要求眉型自然,眉色浅淡,根据自身的眉毛条件修整基本眉型。修眉时综合考虑眼型、脸型、性格、职业、年龄、气质等因素。对于眉毛颜色的选择,一般毛发颜色浅的用棕色,毛发颜色深的用深咖啡色或黑色。年轻人用棕色,中老年人宜用灰色。

09 唇

生活妆唇型轮廓清晰,色彩柔和。轮廓不宜改变过大,唇型好的可不画唇线。

涂口红后可用纸巾将口红中过多的油脂吸掉,以免脱妆,然后再涂一层亮唇彩,使嘴唇显得更加光彩照人。

10 腮红

腮红的位置和面积大小根据脸型进行描画,脸型好的也可以依据流行来进行修饰。腮红颜色与妆色要协调,以健康的红色为主,面色红润的可不涂。

颜色搭配

讨论与练习

请根据以下给定的条件进行妆型设计,绘制妆型效果图。

一 25岁，三角脸型，短发。

30岁,申字脸型,长发。

三 28岁，圆脸型，短发。

学习反馈

单元 21 生活日妆操作练习

学习要点
生活日妆妆型设计（包括模特分析、效果图、妆型设计与整体设计）与实施

学习难点
生活日妆的化妆技巧

学习内容

以小组为单位，按照生活日妆的要求，在规定的时间内，完成一整套生活日妆妆型设计（模特分析、效果图、妆型设计与整体设计）与实施。

1 将原型照片贴在下方

面部照片	全身照片

2 根据所选模特的脸型、体型、发式等进行综合设计

年龄		脸型	
体型		发式	
服装款式		场合类型	
色彩分析			
模特要求			
妆型分析			
综合设计思路			

3 绘制效果图

根据综合设计思路,绘制生活日妆效果图。

效果图1:妆型图

效果图2：全身图

4 生活日妆实施

在操作中记录完成妆型每个环节的时间,体会作为一名化妆师完成生活日妆的工作流程。

流程											总时间
时间(分)											

5 组员互评

6 教师点评

7 心得与修改

8 修改后照片

修改后妆型照片

全身定妆照片

9 心得与体会

学习反馈

> **学习要点**
>
> 生活晚妆的设计与实施

> **学习难点**
>
> 生活晚妆与生活日妆的区别

单元 22 生活晚妆的特点与操作练习

学习内容

1 生活晚妆的特点

（1）妆色比生活日妆略显浓艳，艳而不俗，丰富而不复杂，色彩搭配协调。

（2）五官轮廓描画清晰，面部凹凸结构明显，但不能因矫正而失真。

（3）与饰物的佩戴及着装要整体协调。

2 生活晚妆的基本流程及要求

生活晚妆的基本流程和生活日妆相同，具体参照上述生活晚妆的特点进行，但有几个环节需要注意：

（1）粉底

生活晚妆的粉底比日妆稍厚，使皮肤细腻而有光泽，粉底的颜色宜选较肤色略深且偏红润一些的颜色，这样可使皮肤在强光的照射下显得健康红润。晚妆的打底常用立体打底的方法来强调面部的凹凸结构，并矫正脸型的不足。

（2）定妆

橘色散粉在灯光下可使皮肤细腻，面色红润，适于晚妆使用。散粉要薄而均匀，体现皮肤的质感。使用珠光散粉能增加时尚感。

（3）眼影

色彩搭配丰富协调，但要多而不混，眼影色彩的纯度要高，使妆型显得艳丽，明度可略强，强调眼部的凹凸结构。

（4）睫毛

自身睫毛浓的可只用睫毛膏，睫毛膏的颜色可以丰富多彩；反之，可粘贴假睫毛。使用的假睫毛，无论在形状或颜色上都可以略微夸张。

（5）腮红

腮红可选用略为浓艳的颜色，并对脸型进行修饰。

讨论与练习

以小组为单位,按照生活晚妆要求,在规定的时间内,完成一整套生活晚妆妆型设计(模特分析、效果图、妆型设计与整体设计)与实施。

1. 将原型照片贴在下方。

面部照片	全身照片

2. 根据所选模特的脸型、体型、发式等进行综合设计。

年龄		脸型	
体型		发式	
服装款式		场合类型	
色彩分析			
模特要求			
妆型分析			
综合设计思路			

3 绘制效果图

根据综合设计思路绘制生活日妆效果图。

效果图1：妆型图

效果图2：全身图

4 生活日妆实施

在操作中记录完成妆型每个环节的时间,体会作为一名化妆师完成生活日妆的工作流程。

流程											总时间
时间(分)											

5 组员互评

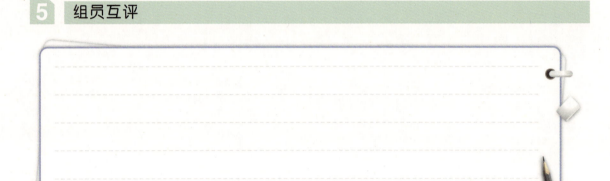

6 教师点评

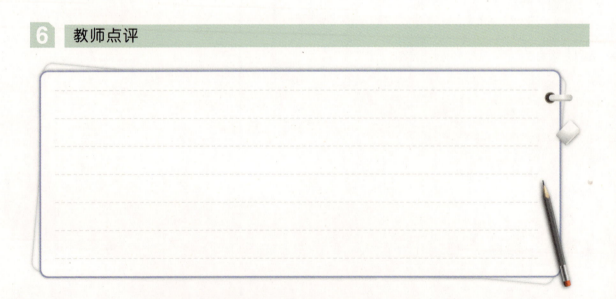

7 心得与修改

8 修改后照片

| 修改后妆型照片 | 全身定妆照片 |

模块五 / 生活妆

9 心得与体会

学习要点
时尚生活妆妆型鉴赏

学习难点
提取时尚元素运用于妆型设计

单元 23 时尚生活妆欣赏与评析

讨论与练习

1. 流行日妆的赏析。请观看课件中流行日妆的图片后,选择一幅作品,进行妆型分析,字数不少于 300 字。

作品编号:

2. 请在时尚杂志、报纸或其他媒体形式上，找出你觉得能代表时尚流行趋势的一幅生活妆作品，剪贴到以下的粘贴栏内，并与小组成员对所选作品进行分析。

作品：

（粘贴处）

分析：

学习反馈

生活妆学习总结

模块六 MODULE SIX

人 物 造 型 化 妆

新 娘 妆

空中学习厅

模块名称 / 新娘妆

模块内容 / 单元 24　什么是新娘妆
　　　　　　单元 25　新娘妆的流程、画法与要求
　　　　　　单元 26　实用新娘妆操作练习
　　　　　　单元 27　摄影新娘妆练习、欣赏与评析

学习时间 / 第 14 周

学习情境 / 化妆实训室

学习目标 / 掌握实用新娘妆的设计与实施，熟悉摄影新娘妆的特点。

学习内容 / 1. 实用新娘妆的设计与实施
　　　　　　2. 摄影新娘妆的设计与实施
　　　　　　3. 国内外新娘妆的时尚设计

学习方式 / 教师分析实用新娘妆与摄影新娘妆的特征及设计要点，并进行示范操作；学生绘制新娘妆设计效果图，根据效果图进行妆型实施。

学习准备 / 彩妆品，化妆工具，新娘服装与配饰

单元 24 什么是新娘妆

新娘妆

学习要点
新娘妆的妆型要点

学习难点
新娘妆与生活妆的区别，实用新娘妆与摄影新娘妆的区别

学习内容

1 新娘妆的要求

婚嫁是人生大事，精致婚纱礼服下的新娘是整个婚礼中最受瞩目的焦点，因此，新娘化妆就有别于一般普通化妆，需要格外慎重。新娘妆不仅注重脸型、肤色的修饰，化妆的整体表现尤其要自然、高雅、喜气，而且要使妆效能持久、不脱落。

讨论与练习

生活妆型

新娘妆型

新娘妆型和一般化妆的妆型有什么不同？请写出你认为的三个不同点：

2 新娘妆的分类

一般而言，新娘妆包括两种，可以称为实用新娘妆和摄影新娘妆，主要针对不同的场合。实用新娘妆主要是适用于婚礼场合的妆型，摄影新娘妆主要是在拍摄写真或出外景时的妆型。根据要求不同，也有各自的特点。我们这里主要介绍的还是在婚礼场合的实用新娘妆。

实用新娘妆

摄影新娘妆

实用新娘妆：实用新娘妆的主要特点是突出喜庆甜美的气氛。用色以暖色、偏暖色为主，妆型要求圆润柔和，充分展示女性娇柔婀娜的柔美。

摄影新娘妆：摄影新娘妆是运用现代化妆技巧，配合摄影师的创意拍摄，把新娘最美的形象定格在摄影画面之中，也就是说摄影新娘妆必须通过镜头和照片来欣赏。

讨论与练习

分组讨论,你认为实用新娘妆和摄影新娘妆的妆型特点有什么区别?

学习反馈

单元 25 新娘妆的流程、画法与要求

学习要点
实用新娘妆的实施

学习难点
根据新娘原型进行新娘妆的风格设计

学习内容

新娘妆的基本画法和流程如下,对每个环节的要求要熟练掌握,能够灵活运用。

妆前准备:

化新娘妆之前要考虑怎样使妆型不易脱落,因为新娘妆要求在面部停留的时间久,本身就容易自然脱落。要减少这种现象,化妆前,在脸上容易出油、出汗的前额、鼻子、下额部位都要用收缩水与化妆水多拍打几遍,使毛孔收缩,面霜不要用太多,多了反而容易导致脱妆。

清洁皮肤

清洁是为了增强化妆品与皮肤的亲和力,在化妆之前最好做一次深层洁肤的面膜,彻底清洁皮肤,使皮肤更白净,妆型更牢固。

修眉

新娘应在婚礼当天前用眉钳拔眉的方式将眉型修好。如果没修,应用剃刀修剪,而不是眉钳,避免局部产生刺激而影响整个妆型的效果。

修正液

调整肤色,改善皮肤,肤色好的可省略。

04 粉底

涂上适合新娘肤色的粉底，如果脸上有斑点，不宜涂液体和透明粉底，应该选择遮盖力较强的粉底。除了脸部，身上裸露的地方如颈部、臂部、背部等也要打上粉底，颜色要衔接好。

如果脸型丰满可用阴影修饰，但阴影要自然，特别在脖子连接处，不能明显让人看出有两种颜色。粉底不宜过厚，以免失真。

涂粉底的几个注意点：

产品： 因妆型保持时间长，所以面霜、粉底不宜含油脂过多。

颜色： 粉底的颜色可选择比本身肤色略白的、偏粉红色，使新娘的皮肤更白嫩、细腻，面色红润。黑痣和较深的色块用遮瑕膏遮盖。

色斑： 皮肤光洁无瑕疵的，选用透气性强、有透明质感的粉底液。色斑皮肤应选用遮盖力强的粉底液或粉饼。

脸型： 为了增加面部的立体感，打底时应提高光，但要求高光薄而亮，不宜打暗影，以免使妆型有明显的修饰感。如果脸型特别不好的，可以在打底之后，用修容饼来修饰。

05 定妆

选择与肤色相近的透明粉定妆，也可以用粉红色散粉或带珠光的散粉。粉色散粉可使新娘显得皮肤细嫩，面色粉白。因粉底较薄，散粉不宜过多，以免有粉质感。

06 眼影

眼影有多种搭配，可以按服饰或新娘个人喜好来定，但最好选择偏暖的色调，有喜悦感，不要涂上复杂的多色眼影。色彩搭配宜简洁，色彩柔和，对比度不可过强。

眼影色彩和服饰搭配协调。一般来说，传统服饰以暖色调为主，如桃红色、大红色、粉红色、玫瑰红色、橘红色、棕红色等，显得喜庆华丽。西式白纱裙和晚礼服可选冷色，如粉蓝色、粉绿色、银白色、紫色，显得迷人。

07 眼线

新娘妆的眼线要画得秀气、干净，为了使眼睛更加清晰、明亮，上眼线靠近睫毛画得黑一些，下眼线画得不要太粗。

尽量保持本眼型，不宜改变过大。眼线要流畅，颜色根据眼影色搭配，如黑色、深咖啡、深蓝色、深紫色等。

08 睫毛

自身睫毛浓密而长的,可只涂睫毛膏,增加睫毛的浓密感。自身睫毛稀疏而短的,可粘贴仿真型的假睫毛。粘贴假睫毛应与睫毛呈为一体。睫毛的颜色以黑色、深咖啡色、深蓝色、深紫色为宜。

粘贴假睫毛不要太夸张,因为新娘妆为近距离观看。如条件允许可单根粘贴,这样使得妆容更加自然。

09 眉毛

眉型根据新娘脸型描画,眉色宜清淡、自然,颜色过渡柔和,有立体感。线条清晰、流畅,不宜突出眉峰。不理想的眉,要根据眼型与脸型进行修饰与矫正,但必须自然生动。眉毛颜色不宜太黑,不要深过瞳孔色,要与头发的颜色相调和。

10 唇

标准唇应轮廓清晰、饱满圆润,唇色柔和自然,嘴角微微上翘,显出喜悦的心情,新娘妆的唇型应尽量漂亮、可爱。唇型不理想的,可先画出完美的唇型,然后再往里面涂口红。为了使口红能保持长久一点,画完一层后,可轻轻地扑上一点粉,再涂一层口红。唇型的设计需掌握好分寸,颜色与整个面部色调和谐,避免显出化妆痕迹。

11 腮红

腮红要与脸型和妆色协调一致。新娘妆应画出脸色红润、神采飞扬的神情,在面颊上从太阳穴开始,眼部、颧骨到下颌角以上淡淡地涂染上一层浅红,显示面部的丰满与健康。在外眼角也要淡淡地涂上一层,与周围的颜色相接。

新娘妆眼影的色彩搭配

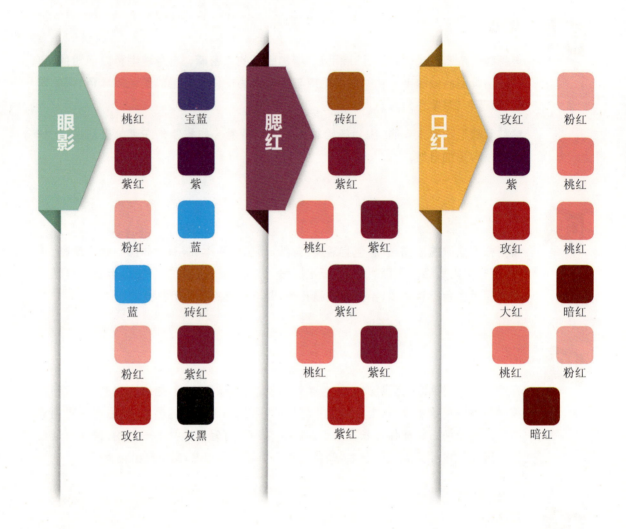

讨论与练习

1. 妆型设计练习。

请根据要求完成三位新娘的妆型设计,注意色彩、发型等要素,绘出效果图。

新娘一 25岁女性,中学老师,申字脸型,皮肤白,长发披肩,文静型。

新娘二 25岁女性,银行会计,圆脸,皮肤黑,中长发烫小波浪,可爱型。

新娘三 35岁女性,部门经理,长脸,皮肤白皙,短发过耳,精明强干型。

2. 妆型配色练习。

第一组

白纱，白金项链配钻，黑发

眼影：

腮红：

唇彩：

白纱，黄金项链配钻，黄发

眼影：

腮红：

唇彩：

选择一个绘图

第二组

白纱，彩色项链，红发
眼影：
腮红：
唇彩：

红色旗袍，透明水晶链，黑发
眼影：
腮红：
唇彩：

选择一个绘图

第三组

粉红纱,透明水晶链,亚麻色发
眼影:
腮红:
唇彩:

金色旗袍,白金项链配钻,亚麻色发
眼影:
腮红:
唇彩:

选择一个绘图

学习反馈

单元 26 实用新娘妆操作练习

学习要点
实用新娘妆妆型实施与整体设计

学习难点
模特分析与妆型设计

学习内容

以小组为单位,按照新娘妆要求,在规定的时间内完成新娘妆妆型设计(模特分析、效果图、妆型设计与整体设计)并实施。

1 将原型照片与新娘妆完成后的照片贴在下方

原型照片

全身照片

2 根据所选模特的脸型、体型、发式、所选择的婚纱款式以及新娘的要求，进行综合设计

年龄		脸型	
体型		发式	
婚纱款式		婚礼类型	
色彩分析			
模特要求			
妆型分析			
综合设计思路			

3 绘制效果图

根据综合设计思路,绘制生活日妆效果图。

效果图1:妆型图

效果图2：全身图

4 新娘妆操作

在操作中记录完成妆型每个环节的时间,体会作为一名新娘化妆师的工作流程。

流程											总时间
时间(分)											

5 组员互评

6 教师点评

7 心得与修改

8 修改后照片

| 修改后妆型照片 | 全身定妆照片 |

9 心得与体会

学习反馈

单元 27 摄影新娘妆练习、欣赏与评析

学习要点
摄影新娘妆的设计与实施

学习难点
摄影新娘妆与实用新娘妆的区分，摄影新娘妆的风格塑造

学习内容

1 摄影新娘妆的程序与特点

01 粉底

选出用遮盖力强的粉条或粉底霜，使皮肤细腻而有光泽。
粉底的颜色略偏粉红色，使面色红润。
基本底可略厚，遮盖面部瑕疵和原本的肤色。
采用立体打底，强调面部的立体感并矫正脸型。

02 定妆与修容

选用粉色散粉，显得皮肤细嫩红润。因粉底较厚，散粉应多些，使面妆持久。定妆后可根据情况进行修容。

03 眼影

色彩搭配简洁，色调柔和，明暗对比不宜过强，用色基本与实用新娘妆相同。

04 眼线

尽量改变眼型，使其完美，线条可适当加粗，略夸张一些，增加眼睛的神彩。

05 睫毛

粘贴仿真型假睫毛，注意假睫毛与自身的睫毛应为一体。

06 眉毛

眉型柔软自然,线条清晰流畅,不宜突出眉峰。

07 唇型

轮廓清晰,形态饱满,唇峰不应有棱角。唇色柔和,有立体感。

08 腮红

画法根据脸型,颜色要柔和自然。

摄影新娘妆的颜色搭配

讨论与练习

1. 请选择一名模特,分组讨论与模拟练习摄影新娘妆的化妆流程与注意事项,并记录完成整个妆型的时间,计算作为一名新娘化妆师所需要的工作时间。

流程										总时间
时间(分)										

观看示范视频后,完成摄影新娘妆的妆型。将原型照片与新娘妆完成后的照片贴在下方,进行对比分析。

原型照片

妆型照片

妆型分析

组员互评

教师点评

心得与体会

2. 摄影新娘妆的赏析。观看课件中相关摄影新娘妆的图片后,选择其中一幅作品进行妆型分析,字数不少于300字。

作品编号:

3. 请在时尚媒体上找出你觉得优秀的一幅新娘妆作品,剪贴到以下的粘贴栏内,并与小组成员对所选作品进行妆型分析。

作品：

（粘贴处）

分析：

学习反馈

■ 新娘妆学习总结

模块七
MODULE SEVEN

人 物 造 型 化 妆

晚宴妆

空中学习厅

模块名称 / 晚宴妆	**学习内容** / 1. 晚宴妆的设计与实施
模块内容 / 单元28　什么是晚宴妆	2. 根据灯光效果设计合适的晚宴妆型
单元29　晚宴妆的流程、画法与要求	3. 晚宴妆造型的表现技法
单元30　晚宴妆型操作练习	
单元31　晚宴妆练习、欣赏与评析	**学习方式** / 教师分析晚宴妆的特征及设计要点，并进行示范操作，学生绘制晚宴妆设计效果图，根据效果图进行妆型实施；分析影视剧及各类时尚节目中的晚宴造型。
学习时间 / 第15周	
学习情境 / 化妆实训室	
学习目标 / 掌握晚宴妆的设计与实施，提取优秀晚宴造型中的元素灵活运用于自身晚宴妆造型设计。	**学习准备** / 彩妆品，化妆工具，晚宴服装与配饰

单元 28 什么是晚宴妆

晚 宴 妆

学习要点
晚宴妆的特征

学习难点
灯光对妆型的影响

学习内容

1 晚宴妆的要求

晚宴妆简称晚妆，一般指人们晚上出入各种宴会时所设计的妆型。如果说日妆是在自然光线下进行，那么晚妆就是在灯光下进行。夜间化妆由于光线柔和与幽暗，一般不容易看出化妆痕迹，所以给化妆创造了条件，妆色可适当浓艳，并且大胆地利用矫正化妆法，对模特脸型、眉毛、眼睛、嘴唇等作适当的矫正。此外，晚宴妆要充分考虑到灯光对妆型效果的影响，尤其是色彩的变化，例如在白炽灯灯光下，化妆就要避免颜色太红。

讨论

日妆妆型

晚宴妆妆型

讨论与练习

你认为日妆和晚宴妆有什么区别?

学习反馈

单元 29 晚宴妆的流程、画法与要求

学习要点

晚宴妆的实施流程与画法要求

学习难点

晚宴妆的表现技巧

学习内容

晚宴妆的基本画法和流程如下，对每个环节的要求要熟练掌握，灵活运用。

01 清洁皮肤

为了增强化妆品与皮肤的亲和力，在化妆之前最好做一次深层洁肤的面膜，彻底地清洁皮肤，以使皮肤更白净，妆型更牢固。

02 粉底

晚宴妆的粉底可以选择遮盖力稍强的粉底，这样可以遮盖脸部的瑕疵，"T"部位和下眼帘可以适当提亮，面颊和额骨也可以适当打些阴影，需注意颈部与面部的衔接。

03 定妆

定妆粉可以选择透明散粉或带珠光散粉。

04 眼影

晚宴妆的眼影可以画得丰富多彩，色彩搭配也多种多样，眼影的层次可增多，根据自己的喜好画出具有个性的眼影。

05 眼线

为了使眼睛更加明亮动人，晚宴妆眼线可选择黑或蓝等颜色，线条可略粗些，但要与眼影相协调，如眼影画得很淡，眼线就不宜画得太深。

06 粘双眼皮

晚宴妆的眼型可作适当改变，如运用双眼皮贴将眼型加大、加长或变圆。

07 刷睫毛

涂睫毛膏之前先夹翘睫毛，这样不管刷睫毛膏或带假睫毛，都可达到好的效果。为增长到最佳效果睫毛可以重复多刷数次，如果自己的睫毛不够长时，可以贴假睫毛进行修补。睫毛膏的颜色可选择黑或蓝等颜色。

08 眉型

眉型配合脸型进行设计，可先用眉影粉画出眉型，再用眉笔在残缺的部位一根根补上。

09 唇

选出与口红相配的唇线笔描出轮廓，然后涂上相应的口红，晚妆的口红画完一层后，可在唇边加重颜色，唇的中央再加上浅颜色的口红，这样唇型更美，颜色也丰富。

10 腮红

根据脸型、服饰色和妆色进行协调，晚妆的腮红可以在选择合适粉底的基础上浓艳一些。

色彩搭配

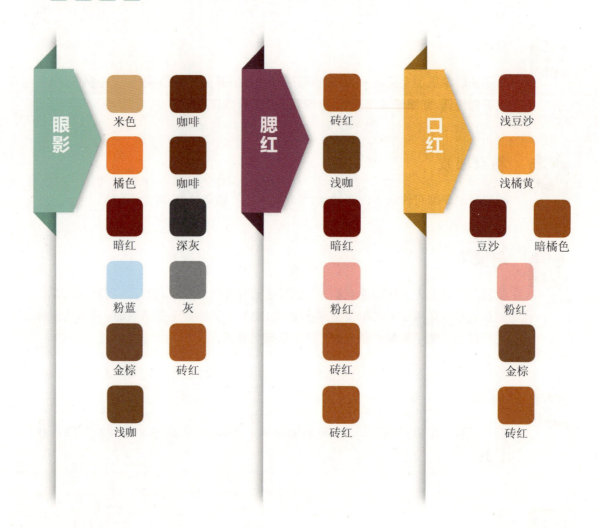

讨论与练习

请对下列三位模特进行晚宴妆妆型设计，运用 TPO 原则，综合考虑色彩、发型、服饰等要素完成效果图绘制。

模特一 22岁女性,公司文员,申字脸型,皮肤白,长发披肩,文静型,参加公司年度酒会。

模特二 25岁女性,外资公司部门经理,圆脸,肤色较黑,中长发烫小波浪,精明强干型,参加公司新闻发布晚宴。

模 特 三 32岁女性,高校教师,长脸,皮肤白皙,中发过耳,开朗阳光型,参加学术论坛晚宴。

学习反馈

学习要点
晚宴妆型的设计与实施

学习难点
根据场合与人物进行晚宴妆型设计

单元 30 晚宴妆型操作练习

学习内容

以小组为单位,按照晚宴妆妆型要求,在规定的时间内,完成整体晚宴妆妆型设计(模特分析、效果图、妆型设计与整体设计)并实施。

1　将原型照片与晚宴妆完成后的全身照片贴在下方

原型照片	完成照片

2 根据所选模特的脸型、体型、发式、所选择的晚宴服装款式以及模特的要求，进行综合设计

年龄		脸型	
体型		发式	
晚宴款式		场合类型	
色彩分析			
模特要求			
妆型分析			
综合设计思路			

3 绘制效果图

根据综合设计思路,绘制晚宴妆效果图(包括头饰、发型)。

效果图1:妆型图

效果图2：全身图

4 晚宴妆操作

在操作中记录完成妆型每个环节的时间,体会作为一名晚宴妆化妆师的工作流程。

流程											总时间
时间(分)											

5 组员互评

6 教师点评

7 心得与修改

8 修改后照片

修改后妆型照片

全身定妆照片

9 心得与体会

学习反馈

单元 31 晚宴妆练习、欣赏与评析

学习要点
晚宴妆妆型鉴赏与评析

学习难点
优秀晚宴妆妆型设计要点提炼

1. 晚宴妆的赏析。请欣赏课件中相关晚宴妆的图片,选择其中一幅作品进行妆型分析,字数不少于 300 字。

作品编号:

2. 请在时尚杂志、报纸或其他媒体上找出你觉得优秀的一幅晚宴妆作品,剪贴到以下的粘贴栏内,并与小组成员对所选晚宴妆作品进行赏析。

作品:

（粘贴处）

分析:

学习反馈

■ 晚宴妆学习总结

模块八
MODULE EIGHT

人 物 造 型 化 妆
时 尚 创 意 妆

空中学习厅

模块名称 / 时尚创意妆	**学习内容** / 1. 时尚创意妆的设计与实施
模块内容 / 单元 32 什么是时尚创意妆	2. 时尚创意妆的表现元素与表现技法
单元 33 时尚创意妆的画法与要求	3. 油彩在妆型中的运用
单元 34 时尚创意妆型操作练习	
单元 35 时尚创意妆练习、欣赏与评析	**学习方式** / 教师分析时尚创意妆的特征及设计要点，并进行示范操作；学生绘制时尚创意妆设计效果图，根据效果图进行妆型实施，并选择各类时尚创意妆进行赏析。
学习时间 / 第 16 周	
学习情境 / 化妆实训室	
学习目标 / 掌握时尚创意妆的设计与实施；大胆创新，紧跟时尚潮流，吸纳各类时尚创意妆的优秀元素灵活运用，根据需要创作各类时尚创意妆。	**学习准备** / 彩妆品，油彩，化妆工具

单元 32 什么是时尚创意妆

时尚创意妆

学习要点
时尚创意妆的设计与实施

学习难点
时尚创意妆妆型与整体造型的融合

学习内容

1 时尚创意妆的要求

时尚创意妆是化妆师根据化妆主题,结合模特气质特点、五官特征、服装、发型等造型因素而创作的一种时尚化妆风格。时尚创意妆要求化妆师不但要具有对时尚的敏感度,还要有深厚的文化底蕴和化妆表现技巧。时尚创意妆型的特点是:不拘泥于形式,用色巧妙,可大胆采用不同质感的材料进行个性化设计。适用于平面媒体、影视时尚、T台秀等表现人物独特个性的艺术妆型创作。

讨论

时尚创意妆 1

时尚创意妆 2

时尚创意妆 3

时尚创意妆 4

讨论与练习

分组讨论,通过对以上图片的欣赏和分析,谈谈你对时尚创意妆妆型特点的认识。

学习反馈

单元 33 时尚创意妆的画法与要求

学习要点	学习难点
时尚创意妆的设计与实施	时尚创意妆的主题选择与表现技法

学习内容

时尚创意妆的基本画法和流程与其他妆型并无区别，但它对于妆型的设计感更强，艺术性更强，和日常生活的实用妆型有较大的区别。时尚创意妆往往根据一个设定的主题进行设计与实施，因此不仅要求对化妆的每个环节熟练掌握、灵活运用，更要能大胆地体现设计意识并围绕主题进行艺术创作。在化妆技法上，有几点需要引起注意。

1 肤色修饰

创意妆肤色的修饰根据妆型主题需要进行选择，化妆师根据主题要表达的意图选择适当的底色。

2 眉眼的修饰

眼部这一方寸之地给化妆师的创意留下了无限创作空间，是时尚创意妆创作设计的关键部位。创意妆的眼部设计一般有以下几种形式：

（1）**彩妆品**：利用彩妆品的特殊质感来强调眼妆。如以大颗粒质感的眼影、金属光泽眼影、亮泽的油膏状眼影等作为创作手段。

（2）**彩绘**：根据眼部结构特征，设计相应的图案作为装饰。如火焰、花卉、蝴蝶、鱼、宫廷面具等。

（3）**材料**：可根据创作主题寻找一些独特质感的材料表现眼部。如用羽毛、水钻、亮片、花瓣、蕾丝等来突出眼部。

（4）**描画**：以写实的手法夸张变形眼线或眼影，在眼部施以重彩突出眼部神韵。

3 腮红与口红

一般情况下腮红和口红不会作为妆型的重点进行设计，所以不宜夸张。腮红要自然柔和，与肤色自然衔接；口红也要与妆型色调协调，并根据妆型质感进行选择。

讨论与
练习

请根据主题完成三幅时尚创意妆妆型设计,并绘制效果图。

主题一:江南烟雨

主题三：春江花月夜

学习反馈

单元 34 时尚创意妆型操作练习

学习要点
时尚创意妆妆型实施

学习难点
时尚创意妆特殊技法的运用

学习内容

以小组为单位,按照时尚创意妆妆型要求,在规定的时间内完成整体时尚创意妆设计(模特分析、效果图、妆型设计与整体设计)并实施。

1 将原型照片与时尚创意妆完成后的照片贴在下方

原型照片

完成照片

2. 根据所选模特的脸型、体型、发式、所选择的服装款式以及模特的要求，进行综合设计

年龄		脸型	
体型		发式	
服装款式		设计主题词	
色彩分析			
模特要求			
妆型分析			
综合设计思路			

3 绘制效果图

根据综合设计思路,绘制时尚创意妆效果图(包括头饰、发型)。

效果图1:妆型图

效果图2：全身图

4 时尚创意妆操作

在操作中记录完成妆型每个环节的时间,体会作为一名时尚创意化妆师的工作流程。

流程												总时间
时间(分)												

5 组员互评

6 教师点评

7 心得与修改

8 修改后照片

修改后妆型照片

全身定妆照片

9 心得与体会

学习反馈

单元 35 时尚创意妆练习、欣赏与评析

学习要点
时尚创意妆鉴赏、评析的原则

学习难点
提取优秀妆型的表达元素与设计要点，灵活运用于妆型设计

讨论与练习

1. 时尚创意妆的赏析。请观看课件中相关时尚创意妆的图片后，选择其中一幅作品进行妆型分析，字数不少于300字。

作品编号：

2. 请在时尚媒体上找出你觉得优秀的一幅时尚创意妆作品,打印剪贴到以下的粘贴栏内,并与小组成员对所选作品进行赏析。

作品：

（粘贴处）

分析：

学习反馈

■ 时尚创意妆学习总结

后记
Afterword

第三版《人物造型化妆》终于面世，距离第一版付梓，其间数易其稿，至今已历七年。

《人物造型化妆》是一本小书，也是一本大书。说其小，因其背景是戏剧影视美术设计的人物造型设计中、生活时尚造型化妆的技艺，在样式庞杂、形式丰富的戏剧影视美术设计学科中，的确只能以"小"来形容；说其大，是当初我们在遍览化妆造型的出版物后，希望以这本书，为国内形象设计的专业提升、行业发展树一个标杆、走一条新路——其志也远大、其心也勃勃，不可不谓"大"。

《人物造型化妆》是一本好的教学书，这个评价其来有自：书里有理论联系实际的知识传授，有情境化的教学示范，还有阶段性成果的评价与反馈，最终呈现出来的写作框架、内容和文字编排，甚至是版式、纸张与装帧，都体现了我们的努力。没有固步自封，而是在每一版不断完善升华。尤其这一版把每个单元、每个技术环节拍摄了标准视频，提供了教学资料并以二维码链接，使本书能够以更立体、更现代、更专业的形象呈现出来。

本书与配套教学资源的完成，要感谢以下各位好友，作为专业领域的专家，他们毫无藏私、不计回报、付出了努力：南京晴立形象设计有限公司董事长鞠江先生，南京传媒学院副教授尤璐女士，南京王春美容化妆职业培训学校校长黎娟女士，知名书法艺术家宋志伟先生，知名服装设计师周笑云先生，知名造型师樊立女士、董婷婷女士、金莹女士，时尚摄像师吴灏强先生及其团队，感谢你们的帮助。尤其是江苏金莎美发美容职业培训学校的造型总监田可女士，为本书提供了精美的造型图片作为范例，特此感谢。

感谢全国美发美容职业教育教学指导委员会主任闫秀珍先生多年来对我的无私指导和关心；感谢我的好友，为本书一版、二版写序推荐的两位专家：中华医学会医学美学与美容学分会会长何伦先生、中国美发美容协会副会长王建先生对我的支持与帮助；感谢几位前辈：带领我进入化妆领域的国内知名化妆大师赵志萍先生，是我从事形象设计专业的启蒙者，德高望重的国内化妆界泰斗霍起弟先生，对我寄望深远、每多鼓励，还有带领我进入美容领域的国内知名美容与形象设计专家顾筱君先生……长者的关爱，是我前进的动力。 要特别感谢好朋友中国美发美容协会副会长孙骏飞先生、江苏省美发美容协会常务副会长羊建国先生对本书的支持，江苏王春美容实业有限公司创始人王春女士、董事长朱平先生，南京宝丽来化妆品连锁有限公司董事长金玉春先生，南京指尖蜜语玉指美甲中心董事长顾炜恩女士，南京朝晖美容有限公司副总经理杨珂女士，南京金莎美容美发化妆培训学校孙胄胤先生，南京宝丽来芳疗职业培训学校孙勤女士，南京美丽直播间职业培训学校叶秋池女士，南京集红堂彩妆培训学校姚姝女士也对本书的编写给予宝贵意见，谨致谢意。

要特别感谢国内知名造型艺术家、北京奥运会闭幕式造型总监魏小萌女士，全国美发美容职业教育教学指导委员会秘书长顾晓然先生担任本书的主审，和两位专家分别在2014年的南京青年奥林匹克运动会开闭幕式、中国美发美容协会行业标准专家论证会上结识之后，我们是理念相同的同道中人、共同进步的良师益友、鞭策彼此前行的动力。

两周前，我给赵志萍先生电话，邀请她为本书作序，她不顾年高，慨然应允。 犹记得二十年前第一次见到赵先生，毫无基础的我表达了要学习化妆的意愿，她很直接地说，我的身高不适合长时间化妆操作，很难在技术上脱颖而出，而是应当在掌握化妆技术的前提下，在教育和文化层面清晰定位和发展。 我沿着这条路一直走了下来，有赵志萍先生、霍启弟先生、顾筱君先生这几位处身极正、德艺双馨的前辈言传身教，诚恳而坦率的指点，让我感到温暖和信任，也坚定了信念，一定要把他们的技艺和品格传承下去，才不负期许。

和本书编著者夏雪敏、吴桐等诸位专家的交往，与本书的责任编辑陈潇潇女士的合作已经超过十年，这让我们成为志同道合、共同进步的团队。 在本书的每一个章节、图片甚至标点的斟酌上，我们都投入了大量的精力。 这些努力让我们有充分的勇气与自信，把这本小书，向同行与市场呈现出来。 衷心希望这本书能够为中国形象设计的专业提升、行业发展尽一份实在的力量。

九月，这个城市已是桂花满山、秋风满城的时节，虽然寒冬会至、酷暑会来、却也依然会有春暖花开；我们告别着过往、经历着平淡、却也依然期待着收获——依然怀抱着梦想的我们，还在路上。

王铮
2020年9月于紫金山麓